图灵交互设计丛书

用户体验定律
简单好用的产品设计法则

Laws of UX: Using Psychology to Design
Better Products & Services

[美] 乔恩·亚布隆斯基　著

胡晓　译

U0381841

人民邮电出版社
北　京

图书在版编目（CIP）数据

用户体验定律：简单好用的产品设计法则 ／（美）
乔恩·亚布隆斯基（Jon Yablonski）著；胡晓译. --
北京：人民邮电出版社，2023.5
（图灵交互设计丛书）
ISBN 978-7-115-61488-9

Ⅰ. ①用… Ⅱ. ①乔… ②胡… Ⅲ. ①产品设计－研
究 Ⅳ. ①TB472

中国国家版本馆CIP数据核字(2023)第056836号

内 容 提 要

　　本书是即学即用的用户心理学手册，内容基于大受欢迎的网站 Laws of UX。
该网站是用户体验设计圈知名媒体推荐设计师与产品经理学习的网站。作者将产
品与服务设计过程中需要了解的心理学知识总结为各种用户体验定律，包括雅各
布定律、菲茨定律、希克定律、米勒定律、波斯特尔定律、峰终法则、美学易用
性效应、冯•雷斯托夫效应、特斯勒定律，以及多尔蒂阈值。此外，作者为每个用
户体验定律设计了简约而又让人印象深刻的图形，大大增强了这些用户体验定律
的亲和力和感染力。本书内容具有普适性，设计案例丰富多样。

　　设计师、产品经理以及所有关注产品与服务设计的读者都应该学习如何应用
书中的心理学知识，来构建以人为本的设计，从而让产品更好地为用户服务。

◆ 著　　　　[美]乔恩·亚布隆斯基
　　译　　　　胡　晓
　　责任编辑　刘美英
　　责任印制　胡　南

◆ 人民邮电出版社出版发行　　北京市丰台区成寿寺路11号
　　邮编　100164　电子邮件　315@ptpress.com.cn
　　网址　https://www.ptpress.com.cn
　　临西县阅读时光印刷有限公司印刷

◆ 开本：880×1230　1/32
　　印张：5.25　　　　　　　　2023年5月第1版
　　字数：122千字　　　　　　2023年5月河北第1次印刷
　　著作权合同登记号　图字：01-2021-2122号

定价：79.80元
读者服务热线：(010)84084456-6009　印装质量热线：(010)81055316
反盗版热线：(010)81055315
广告经营许可证：京东市监广登字 20170147 号

版权声明

O'Reilly Media, Inc. 介绍

O'Reilly 以"分享创新知识、改变世界"为己任。40 多年来我们一直向企业、个人提供成功所必需之技能及思想，激励他们创新并做得更好。

O'Reilly 业务的核心是独特的专家及创新者网络，众多专家及创新者通过我们分享知识。我们的在线学习（Online Learning）平台提供独家的直播培训、互动学习、认证体验、图书、视频等，使客户更容易获取业务成功所需的专业知识。几十年来 O'Reilly 图书一直被视为学习开创未来之技术的权威资料。我们所做的一切是为了帮助各领域的专业人士学习最佳实践，发现并塑造科技行业未来的新趋势。

我们的客户渴望做出推动世界前进的创新之举，我们希望能助他们一臂之力。

业界评论

"O'Reilly Radar 博客有口皆碑。"
——*Wired*

"O'Reilly 凭借一系列非凡想法（真希望当初我也想到了）建立了数百万美元的业务。"
——*Business 2.0*

"O'Reilly Conference 是聚集关键思想领袖的绝对典范。"
——*CRN*

"一本 O'Reilly 的书就代表一个有用、有前途、需要学习的主题。"
——*Irish Times*

"Tim 是位特立独行的商人，他不光放眼于最长远、最广阔的领域，并且切实地按照 Yogi Berra 的建议去做了：'如果你在路上遇到岔路口，那就走小路。'回顾过去，Tim 似乎每一次都选择了小路，而且有几次都是一闪即逝的机会，尽管大路也不错。"
——*Linux Journal*

本书赞誉

这是一本非常实用的书，重点关注用户体验设计和心理学的交叉领域。这本书旨在帮助设计师理解心理学原理并将其应用于设计工作。书中有大量有趣的案例研究，展示了如何将心理学原理应用于实际设计。此外，这本书还提供了许多有用的工具和技巧，如情境分析和用户测试。这些工具和技巧可以帮助设计师更好地理解用户的需求和行为，从而创造出更好的产品和体验。这本书面向想学习如何在设计中应用心理学原理的设计师。它讲解了一些基础心理学原理和技术，并通过实际案例展示了这些原理和技术如何应用于设计。如果你是一位设计师，并想在你的设计工作中应用心理学原理，那么这本书一定不容错过。

——刘伟

北京师范大学心理学部应用心理专业硕士，用户体验方向负责人

好服务营造好体验，创造卓越价值。这本书为你提供了清晰的思路、丰富的案例、权威的理论，阅读起来生动有趣并易于理解。无论是初学者还是进阶者，抑或是业余爱好者，它都将是优秀的指南。

——罗仕鉴

浙江大学教授、博士生导师，浙江大学宁波科创中心国际合作设计分院院长，中国工业设计协会用户体验产业分会理事长

我有幸帮老朋友胡晓审校了这本书的一些章节。

作为一个非科班出身的用户体验设计师，工作 20 余年后，回头来审视这些用户体验定律，我才发现自己的一些不足和渺小。

我们在实际工作中评审各种案例，既有成功的，也有不成功的。经过日积月累，我们似乎已经觉得自己真的有了傲人的经验，甚至可能形成了自己的标准和风格，不然愧对如今的头衔。殊不知静下心来一字一句品味这些用户体验定律，才知道万变不离其宗，我们以为自己发明出来的那些东西，其实都是基于经典定律的上层建筑。

谈用户体验必谈心理学，中国的用户心理和海外用户有相通之处，但也有更多的社会特性。比如，我们既经历过高速增长的改革开放 40 年，也经历过互联网的几次高潮低谷；我们有最敬业、最好学的设计师，也有最大、最全的数据库来验证我们的设计是不是出色。

然而，我们要补的课还有很多。大多数用户体验设计师并非科班出身，在谈论起专业知识时，总会觉得缺少点儿什么，以至于缺乏工作时的自信。所以，当你和产品经理有话要聊之前，如果想谈吐有据、步步为营，确保你已经熟读过这本书。

在此，也谢谢 IXDC 又一次为中国的广大用户体验设计师做出无私奉献。

——朱宏

阿里巴巴集团 Lazada 用户体验设计 Senior VP

中文版序

在决定利用 Laws of UX 网站记录心理学和用户体验设计的交叉领域时，我未曾料到它会对世界各地成千上万的人产生如此大的影响。发展到今天，该网站已经成为一个实用资源库，并影响了全球的设计师和其他对用户体验设计感兴趣的人。将该网站的内容做成书，对我来说可谓梦想成真。本书的每一个翻译版本都延续了我的创作初衷，即让设计师更容易理解复杂的心理学启发法。我很荣幸看到中文版正式出版。

在书中，我将一系列关键的心理学定律组织在一起，为你提供更广的视野。这些定律不仅可用于讨论心理学概念，而且在我横跨多个行业的职业生涯中应用也最为广泛与深入。我在书中探讨了这些心理学定律，并举例说明了每天与我们交互的产品和体验是如何有效利用这些概念的。本书不是百科全书，而是一本关于心理学如何与设计交融的实用指南。推荐你访问 Laws of UX 网站，更全面地了解心理学和用户体验设计的交叉领域。

除了本书探讨的心理学定律，我还在网站上记录了以下附加原则。

- **目标梯度效应**（Goal-Gradient Effect）：接近目标的趋势随着接近目标的程度而增强。
- **同域定律**（Law of Common Region）：如果元素共享一个有明确边界的区域，则它们往往会被视为一组。

- **接近定律**（Law of Proximity）：彼此接近的元素往往会被分为一组。
- **完形定律**（Law of Prägnanz）：人们会以最简单的形式感知和解释模糊或复杂的图像，因为这种解释的认知负荷最低。
- **相似性定律**（Law of Similarity）：即使元素彼此分开，人眼也倾向于将相似的元素感知为完整的图片、形状或组。
- **连通性定律**（Law of Uniform Connectedness）：一般认为，视觉上连贯的元素比不连贯的元素关联性更强。
- **奥卡姆剃刀**（Occam's Razor）：在预测效果相同的各个假设中，应该选择假设最少的那个。
- **帕累托法则**（Pareto Principle）：也称为二八定律，即对于许多事件，大约80%的影响由20%的原因所致。
- **帕金森定律**（Parkinson's Law）：任何工作都会不断扩展，直到耗尽所有可用的时间。
- **系列位置效应**（Serial Position Effect）：用户往往对一个系列中的第一项和最后一项的印象最深刻。
- **蔡加尼克效应**（Zeigarnik Effect）：与完成的任务相比，人们会更清楚地记得中断或未完成的任务。

我真诚地希望你能在阅读本书的过程中获得巨大的乐趣。除了为你提供宝贵的见解和指导，它还将丰富你的精进之旅，助你成为技艺高超、成就卓越的用户体验设计师。本书对这一重要领域的原理、策略和最佳实践所做的深入分析，一定会拓宽你的知识面，提升你对用户体验设计艺术和科学的素养。

乔恩·亚布隆斯基（Jon Yablonski）

2023 年 5 月 1 日

译者序

作为人类，我们在各方面都需要控制能力，这可以追溯到我们最本源的需求。因此，作为设计从业者、产品经理、运营从业者，我们需要掌握控制能力，确保用户在我们所建立的互联网生态环境中获得能产生更高价值的积极体验。这就意味着需要通过更合适的手段、工具、知识来获得这种能力。然而，这并不意味着我们需要控制用户，而是需要建立能够平衡功能与视觉的生态，将掌控权交还给用户，与用户相互成就。

在这样的情况下，产品设计就被赋予了更大的责任。它不能是从业者的独欢，一切对用户的喜好全凭猜测。但业内能参考的标准化数据与研究报告少之又少，如何验证产品设计决策的合理性呢？这时，对用户心理进行研究就体现出了它的重要性。

当发现从业者面对的这个普遍的问题时，我开始寻找，在产品设计这个细分化领域，是否有针对用户心理学的系统性、科学性知识呢？幸运的是，我在机缘巧合下遇到了《用户体验定律：简单好用的产品设计法则》这本书。它广泛地适用于任何开始注重用户体验的设计师和产品经理，语言轻松易懂，从用户心理学的基础知识入手，延伸到丰富的实际案例解读，再拓展到如何开展设计管理工作。这本书带领读者由浅入深、由微观到宏观地从多个层面融会贯通，掌握这门神秘且实用的学科。作者把所有设计师和产品经理需要了解的心理学知识总结为各种用户体验定律，并配以简约的图形，大大增加了这些定律的亲和力和感染力，使读者能快速形成适合自己的方法论。这样一来，无论是什么类型的产品设计，从业者都能够从用户如何感知、处理和交互的角度出发来开展工作。这本书非常适合每一次产品设计工作遇到困难时翻读查找。作者乔恩·亚布隆斯基是一位资深的用户体验设计师，他深入研究了心理学、人类行为学和认知科学等领域，并将这些知识应用到他的设计工作中。我非常高兴能为这本书的中文版做出贡献。

我在翻译这本书的过程中得到了很多老师和好友的支持与帮助。在此，特别感谢我的团队成员张运彬和苏菁对翻译工作提供全力支持，感谢好友朱宏对这本书提出了很多中肯建议，感谢刘美英老师为编辑工作付出了辛勤劳动。我还要感谢那些在精神上支持我的所有伙伴。谨以此书献给中国的所有产品设计从业者。

最后，恳请广大读者对我在翻译过程中的问题和不足给以宽厚的谅解，并指出不足。

胡晓

2023 年 3 月

目录

前言

说起本书的缘起，还得聊聊我的设计生涯中最艰难的一段日子。当时，我接手了一个非常具有挑战性的项目。从一开始，一系列迹象就表明这是一个困难却有趣的项目：说它困难是因为时间紧迫、服务领域相对陌生；说它有趣是因为对方是一个知名品牌，一旦成功就可以让更多人看到我的设计作品。一直以来，这类项目都是我最喜欢的，因为我在这些项目中总能够以最快的速度学习与成长，而这正是我迫切需要的。但是这个项目有些特别：在没有任何数据支持的情况下，我需要向项目干系人证明一系列设计决策的合理性。通常情况下，如果客户能够提供定量或定性的数据，那么证明设计决策的合理性是一项非常简单的任务；但在没有数据支持的情况下，这个证明过程就没那么简单了。在没有任何证据表明现有设计方案需要修改的情况下，要如何验证设计决策的合理性呢？可以想象，对设计的评判很容易带有主观色彩和个人偏见，验证设计决策的合理性更是难上加难。

后来我突然想到，既然心理学能够帮助我们更深入地理解人的心理活动，那么在这样的困境中，心理学也能发挥作用。于是，为了寻找支撑设计决策的经验证据，我很快沉浸在行为心理学和认知心理学的广袤领域中，并且阅读了无数的研究论文。这项研究在说服项目干系人接受我的设计提案时变得相当有用，我觉得自己仿佛找到了一个知识宝库，它可以使我成为更厉害的设计师。

i

然而唯一的问题是，在互联网上寻找相关的参考资料让我精疲力竭。我可以搜索到大量的学术论文、科学研究成果，以及大众媒体发表的少数文章，但没有一篇与我的设计工作直接相关。我希望找到对设计师友好的资源，然而互联网上没有这样的资源，或者说至少不是我想要的形式。于是，我决定自己开发这种资源，并最终创建了一个名为 Laws of UX 的网站，如图 P-1 所示。这个出于热爱而做的项目成为我学习和记录新发现的一种方式。

图 P-1：Laws of UX 网站截图，截图时间为 2020 年前后

由于项目缺乏相关的定量数据和定性数据，我不得不关注其他方面。我发现心理学和用户体验设计交叉，这极大地推动了我的实际工作。不管是定量数据还是定性数据，如果能拿到，都仍然有其价值；但是我对心理学的探索为日后的工作奠定了坚实的基础，我理解了人们的行为习惯及其背后的原因。本书是对 Laws of UX 网站的扩展，专门介绍我认为能推动设计工作的各种心理学原理和概念。

我为什么要写作本书

我的写作初衷是想让更多的设计师能够了解复杂的心理学定律，尤其是那些没有心理学或行为学学科背景的设计师。如今，设计师对组织内部的影响力愈发强大，心理学和用户体验设计的交叉领域也变得愈发重要。随着人们越来越关注设计，围绕设计师应该学习哪些额外技能（如果有的话）来提升价值和增加贡献的争论也越来越多。设计师应该会编程和写作吗？他们需要拥有商务技能吗？对于设计师来说，这些技能固然有价值，但并非必需。我认为，了解基础的心理学知识才是每个设计师都应拥有的技能。

对于如何感知外界信息、应对周遭事物，人们的潜意识中有一幅"蓝图"，心理学研究可以帮助我们解读这幅"蓝图"。利用这些知识，设计师可以构建更直观、更以人为本的产品和体验。具体地说，我们可以利用心理学中的一些关键原则作为设计指导，按照用户习惯的方式进行设计，而不是强迫用户适应产品的设计或体验。这是以人为本的设计原则的基础，也是本书的基础。

但是问题在于从何处开始。哪些心理学定律对设计有用？在工作中，这些定律有哪些实际案例？在这个领域里，有太多定律和理论，但只有少数特别有用且广泛适用。本书将逐一介绍这些定律，并向你展示相关案例，从而说明如何在产品设计和体验设计中高效利用它们。

本书为谁而写

本书的读者可以是任何想提高设计技巧、更多地了解心理学与设计的交叉领域、探索人们为何青睐优秀设计方案的人。具体地说，本书针对想更加深入地了解心理学及其如何影响设计工作的设计师，以及任何试图了解人类感知和心理过程如何影响整体用户体验的设计师。虽然本书重点关注数字设计，而不是传统的平面设计或工业设计，但它广泛适用于任何注重用户体验的设计师。我需要澄清的是，这并不是一本百科全书，而是一本入门书，重点介绍直接影响设计的心理学基础知识，以及用户如何理解和应对与设计师的相互影响。本书蕴含大量案例，方便设计师查阅和参考，并在日常工作中运用书中知识。

对于想了解优秀设计方案的商业价值及其如何改变业务和组织的读者，本书同样适用。为了获得竞争优势，一些公司增加了在用户体验设计领域的投资，使其发展并扩展到了新的领域。随着对用户体验的关注，人们对产品和服务的期望越来越高，仅仅提供网站或移动客户端已经无法满足人们的需求了。公司必须确保其网站、应用程序以及所提供的其他数字体验都是实用、高效且经过精心设计的。要做到这一点，我认为设计师可以以心理学作为指导，这样一来，无论是设计数字界面还是设计真实体验，他们都能够从用户如何感知、处理和交互的角度出发来开展设计工作。

本书内容

第 1 章　雅各布定律

用户已经花费了大量时间使用某些网站，并且使用得相当娴熟，他们自然希望你的网站和那些他们熟悉的网站尽可能相似。

够让使用者保持专注，提高生产效率。

第 11 章　能力带来责任

在这一章中，我们将进一步研究心理学对创造更直观的产品和体验的影响。

第 12 章　设计中的心理学

这一章将探讨设计师如何内化和应用在本书中学到的心理学定律。设计原则与团队目标和优先事项相关，这一章还将介绍如何通过这些设计原则来阐明心理学定律。

O'Reilly 在线学习平台（O'Reilly Online Learning）

O'REILLY®　40 多年来，O'Reilly Media 致力于提供技术和商业培训、知识和卓越见解，来帮助众多公司取得成功。

我们拥有由专家和创新者组成的庞大网络，他们通过图书、文章和我们的在线学习平台分享知识和经验。O'Reilly 在线学习平台让你能够按需访问现场培训课程、深入的学习路径、交互式编程环境，以及 O'Reilly 和 200 多家其他出版商提供的大量文本资源和视频资源。更多信息，请访问 https://www.oreilly.com。

联系我们

如有与本书有关的评价或问题，请联系出版社。

美国：

O'Reilly Media, Inc.

1005 Gravenstein Highway North

Sebastopol, CA 95472

中国：

北京市西城区西直门南大街 2 号成铭大厦 C 座 807 室（100035）

奥莱利技术咨询（北京）有限公司

请访问本书的专属网页，以获取勘误表和其他信息[1]：

https://oreil.ly/laws-of-UX。

对于本书的评论和技术性问题，请发送电子邮件到 errata@oreilly.com.cn。

要了解更多 O'Reilly 图书和培训课程等信息，请访问以下网站：

https://www.oreilly.com。

我们在 Facebook 的地址如下：http://facebook.com/oreilly。

请关注我们的 Twitter 动态：http://twitter.com/oreillymedia。

我们的 YouTube 视频地址如下：http://www.youtube.com/oreillymedia。

注 1：要提交或查看中文版的勘误，请访问图灵社区：ituring.cn/book/2955。

——编者注

致谢

首先感谢我的妻子 Kristen，是她在各方面无条件的爱和支持促成了本书的诞生——没有她，就不可能有本书。感谢我的母亲，她是我认识的最坚强的人，是她的鼓励和支持让我得以追寻自己的梦想。感谢 James Rollins，永远感激他在生活上对我们一家的关照。感谢以各种方式为本书提供帮助的所有设计同事（排名不分先后）：感谢 Jonathan Patterson 和 Ross Legacy 提供了中肯的设计建议和反馈；感谢 Xtian Miller 的鼓励、反馈和箴言；感谢 Jim Rampton、Lindsey Rampton、Dave Thackery、Mark Michael Koscierzynski、Amy Stoddard、Boris Crowther、Trevor Anulewicz、Clemens Conrad，以及其他许多人的支持和鼓励。感谢激发本书创作灵感的所有朋友，你们以这样的方式参与了这个项目，直接促成了本书的出版。感谢 Jessica Haberman，她看到了我成为作家的潜力，并鼓励我开始创作本书。最后，非常感谢 Angela Rufino 在本书出版过程中提供的建议和反馈，以及给予我的耐心。

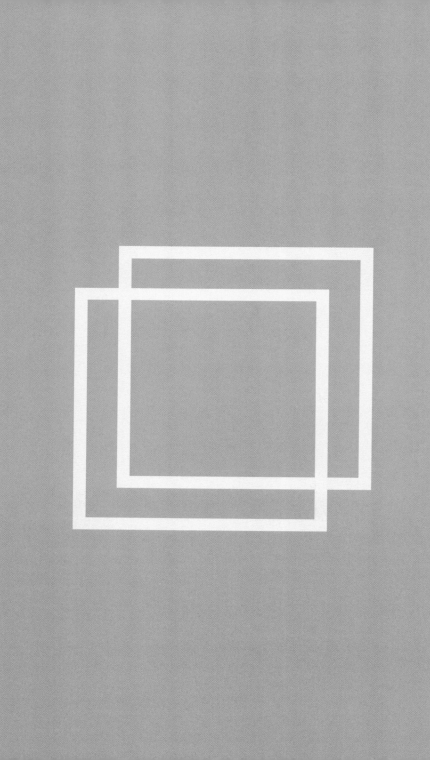

第 1 章

雅各布定律

用户已经花费了大量时间使用某些网站，并且使用得相当娴熟，他们自然希望你的网站和那些他们熟悉的网站尽可能相似。

本章要点

- 用户会将自己对已熟悉产品的期望迁移到另一个相似产品上。
- 利用现有的心智模型可以创造更好的用户体验，让用户专注于任务，而无须学习新的模型。
- 在更新版本时，允许用户在一段时间内继续使用旧版本。这样做可以最大限度地减少"心智模型失衡"引发的冲突。

概述

"熟悉感"的价值远超你的想象。它可以让用户瞬间知道如何使用数字产品或服务，比如使用导航栏、找到需要的内容、通过页面布局和视觉引导了解可选项。通过累积效应节省下来的脑力可以减少用户的认知负荷。换句话说，用户在研究界面上花费的精力越少，就越能集中精力实现自己的目标；设计师让用户实现目标的过程变得越简单，用户就越有可能集中精力实现目标，而非研究界面。

作为设计师，我们的目的是让用户在使用我们所设计的界面时尽量少碰壁、尽快实现目标。当然，并非所有的障碍都不好——事实上，有些障碍是必不可少的。但是，当有机会摆脱那些无关紧要、不能提供任何价值的障碍时，我们就应该抓住机会。为了破除障碍，设计师一般会在重要的位置使用通用或约定俗成的设计模式，比如采用人们熟悉的页面布局和工作流程，或者放置导航栏和搜索框等。这样一来，用户便能立刻上手网站或应用程序，而不用先去学习使用方法。本章将通过一些案例来讲述如何实现这一设计原则。在此之前，我们先来看看它的起源。

起源

雅各布定律又称"雅各布互联网用户体验定律"，由易用性专家雅各布·尼尔森（Jakob Nielsen）于 2000 年提出。雅各布指出，用户期待在新的网站上看到熟悉的设计惯例，这源于其日积月累的使用经验 [1]。他将这描述为一种人性法则，鼓励设计师遵循常见的设计惯例，从而让用户更多地关注网站的内容、信息和产品。相反，如果违反了雅各布定律，则可能会让用户一头雾水、心烦意乱，甚至放弃任务、关闭网页，因为界面设计与他们熟悉的网页使用方式不符。

注 1：详见雅各布于 2000 年 7 月 22 日发表的文章 "End of Web Design"。

雅各布所称的"日积月累的使用经验"对于用户访问新网站或使用新产品很有帮助，用户可以借此了解如何使用网站或产品，以及可以进行什么操作。这是用户体验中最重要的一个因素，它与**心智模型**（mental model）这一心理学概念直接相关。

心理学概念

心智模型

心智模型是指人们基于对某个系统（尤其是它的原理）的了解而建立的模型。无论是对像网站这样的数字系统，还是对像超市收银台这样的实体系统，人们都会在头脑中形成一个关于其原理的模型，再将这个模型应用到类似的新系统上。换句话说，面对新事物，人们总会使用过往的经验。

心智模型对设计师很有价值，设计师可以将自己的设计与用户的心智模型相匹配，让他们能够轻松地把已有的经验迁移到新产品上，而不用事先花时间去了解新系统的使用方法，从而提升用户体验。如果产品或服务的设计与用户的心智模型一致，就有可能提供良好的用户体验。尽可能缩小自己的心智模型与用户的心智模型之间的差距是设计师面临的最大的一个挑战。为实现这个目标，设计师会采用很多方法：用户访谈、用户画像、用户体验流程图、用户同理心地图等。这些方法的关键不仅在于深入了解用户的目标，更在于洞悉用户已形成的心智模型，以及如何将这些要素应用于产品设计或体验设计。

案例

你是否想过为什么表单控件会如图 1-1 中的右图所示？这是因为
设计它的人基于现实生活中大家熟悉的控制面板建立了关于控件
元素样式的心智模型。网页元素（例如切换开关、单选框，甚至
按钮）的设计都源自对应实物的设计。

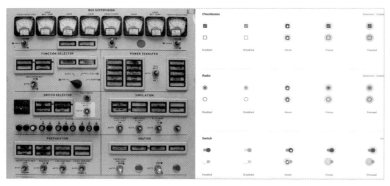

图 1-1： 控制面板部件与典型表单元素的对比 ［图片来源: Jonathan H. Ward（左）、
谷歌的 Material Design（右）］

如果设计与用户的心智模型不相符，就会出现问题。这种"不相
符"不仅会影响用户对产品或服务的评价，还会影响他们熟悉该
产品或服务的速度。这种被称为"心智模型失衡"的情况一般出
现在用户所熟悉的产品突然发生改变时。

众所周知，2018 年 Snapchat 的改版是心智模型失衡的典型例子。
Snapchat 并没有循序渐进地改版（比如小步迭代，或是进行大范
围 β 测试），而是直接改头换面，把好友发布的"故事"和会话
消息放到同一个页面上，这样做极大地改变了用户所熟悉的页面
布局。这一举动立刻引发了用户的不满，他们纷纷在 Twitter 上

"吐槽"。更糟糕的是，很多用户转而投向了竞争对手 Instagram 的怀抱。Snap 公司首席执行官 Evan Spiegel 原本希望新的设计能重新激发广告商的活力，并为用户投放定制广告，但结果广告浏览量和收入双双下降，用户数量也急剧减少。Snapchat 的错误就在于没能将新的设计与用户的心智模型相匹配，这种失衡引发了用户的强烈抵制。

不过，并非所有的重大改版都会造成用户流失，谷歌就是一个例外。谷歌一直允许用户自行选择是否使用其产品的新设计版本，这些产品包括谷歌日历（Google Calendar）、YouTube 和 Gmail 邮箱。2017 年，谷歌推出了改版后的 YouTube 网站，如图 1-2 所示。多年来，这个网站的界面设计基本没变过，所以这一次，桌面用户可以先尝试适应全新的 Material Design 用户界面，而非一下子切换过去。用户可以预览新的界面设计，慢慢熟悉，还可以提交反馈。如果用户愿意，他们甚至可以恢复使用旧版本。仅仅是允许用户在准备好之后再切换版本，就可以极大地缓解本来不可避免的心智模型失衡问题。

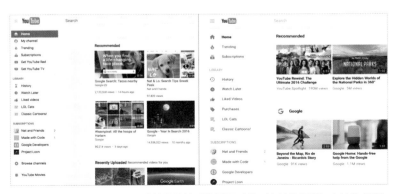

图 1-2：2017 年，YouTube 重新设计前后的界面对比（左边为旧版，右边为新版。图片来源：YouTube）

大多数电子商务网站还会利用已有的心智模型。通过使用用户熟悉的模式，像 Etsy（如图 1-3 所示）这样的购物网站可以有效地让用户专注于更重要的事情——寻找和购买产品。选择产品、将其加入购物车、付款，通过顺应用户对购买过程的预期，设计师可以帮助用户运用他们的网购经验。整个购买过程让人感到舒服又熟悉。

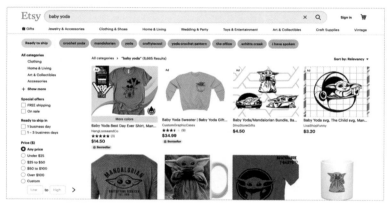

图 1-3：Etsy 的用户界面。Etsy 等电子商务网站利用已有的心智模型让用户专注于购买产品，而不是学习新的交互模式（图片来源：Etsy，2019 年）

利用心智模型告知用户相关的设计信息，这种做法并非只存在于数字世界中。在汽车行业，尤其是在汽车控制方面，就可以找到我最喜欢的一些例子，例如 2020 款梅赛德斯－奔驰 EQC 400 原型车，如图 1-4 所示。每个座椅旁边的车门面板上的座椅控件都体现了座椅的状态。这样的设计让用户很容易通过识别相应的按钮来了解它们可以调整座椅的哪个部分。这是有效的设计，因为它建立在已有的汽车座椅心智模型之上，然后将控件与该心智模型相匹配。

图 1-4：以汽车座椅心智模型为依据设计的 2020 款梅赛德斯－奔驰 EQC 400 原型车的座椅控制装置（图片来源：*MotorTrend*，2018 年）

这些例子展示了如何利用用户已有的心智模型来使设计效果立竿见影。相反，如果不考虑用户已经形成的心智模型，就可能会导致困惑和不满。这里的结论引出了一个重要问题：根据雅各布定律，是否所有的网站或应用程序都应该遵循相同的模式呢？此外，即使有了更合适的新解决方案，设计师也只能使用现有的用户体验模式吗？

技巧

用户画像

你是否曾听公司的其他设计师提到"用户"一词，却不清楚这个难以捉摸的群体到底指谁？当设计团队没有明确定义目标受众时，设计过程就会变得困难重重，因为每个设计师都会以自己的方式来理解目标受众。用户画像便是解决这个问题的工具。使用它，设计团队可以根据实际需求来做设计决策，而不是根据未定义"用户"的需求。目标受众里某一特定人群的虚拟画像（如图 1-5 所示）并不是凭空构建的，而是基于聚合数据。这些数据来源于产品或服务的真实用户。

图 1-5：用户画像示例

用户画像既可以引起共鸣，也可以辅助记忆，还可以建立起一个关于特定群体的特征、需求、动机和行为的通用心智模型。根据用户画像定义的目标受众对设计团队来说非常有价值，它让团队成员摆脱主观臆断，专注于用户的需求和目标，进而确定新功能的优先级。

任何与功能或产品相关的用户细节都是有用的。用户画像通常包含如下模块。

信息

照片、个性签名、姓名、年龄和职业等都是用户画像信息的组成元素。此模块的目的是构建一个人物形象，使其能够真实地代表目标受众的某一特定群体。因此，这些数据应该反映该特定群体的共同点。

详情

详情模块中的信息有助于产生共鸣，以及将重点放在影响设计内容的特征上。常见的详情信息包括个人经历，用于更深入地介绍用户画像，还包括与用户相关的行为和这个群体可能有的痛点。其他详情信息包括目标、动机或用户在使用产品或功能时可能需要执行的任务。

见解

见解模块有助于理解用户的态度。此模块意在添加额外的说明，以进一步定义特定群体及其思维方式。它通常会直接引用用户调研报告中的内容。

关键考虑因素

相同性

你可能会想：如果所有的网站或应用程序都遵循相同的设计模式，那么网上的一切都会变得枯燥乏味。这种顾虑很合理，特别是在今天这样一个惯例无处不在的时代。设计之所以千篇一律，可以归结于以下几个因素：可加速开发的框架变得流行，数字平台及其标准变得成熟，客户渴望模仿竞争对手，设计师缺乏创造力。虽然大部分雷同设计纯粹是随波逐流的结果，但一些惯例的存在并不是没有原因的，例如搜索栏的位置、页脚的导航栏和付款的流程。

花些时间思考另一种可能性：假设你使用的每个网站或应用程序在各个方面都完全不同，从布局、导航到如搜索栏位置这样的常规元素都截然不同。根据心智模型，我们知道这意味着用户不能再依赖已有的经验。如此一来，他们实现目标的动力就会立即被削弱，因为在实现目标前，他们首先要学习如何使用网站或应用程序。不难想象，这并不是理想状态。因此，约定俗成仍然是必要的。

这并不是说创新永远不合适——创新肯定需要时间和空间。然而，设计师必须先考虑用户需求、环境和技术限制，以确定最佳的方法，然后才能去追求创新，但绝不能牺牲产品的易用性。

结论

雅各布定律并不提倡所有产品和体验都应该遵循相同的模式。它只是一个条指导原则，用于提醒设计师利用经验来帮助用户理解新的产品和体验。雅各布定律明确建议，设计师（在适当的时候）应该考虑基于现有心智模型的通用惯例，从而帮助用户快速上手，以提高工作效率，而不是需要事先花费时间去了解如何使用网站或应用程序。符合预期的设计让用户可以利用经验，找到熟悉的感觉，并专注于更重要的事情——找到所需信息、购买产品等。

关于雅各布定律，我能给出的最好的建议是始终从常见的模式和惯例开始，只有在必要时才放弃它们。当你有充分的理由证明创新能够改善用户的核心体验时，应该将其作为一个值得探索的信号。如果你走创新路线，请务必与用户一起测试设计方案，以确保他们能够理解你的设计思路。

第 2 章

菲茨定律

移动到目标所需的时间，取决于当前位置与目标之间的距离和目标的大小。

本章要点

- 触控目标应该足够大，以便用户准确地选择。
- 触控目标之间应有足够大的空间。
- 触控目标应置于界面的特定区域，以便用户获取。

概述

易用性是区分设计好坏的关键因素。良好的易用性意味着产品易用，这就表明界面应该易于用户理解和浏览。交互应该是轻松、简单、毫不费力的。用户找到交互对象并与之交互所花费的时间是一个关键指标。设计师应根据实际情况调整交互对象的尺寸和位置，使其便于用户选择，并符合用户对可选区域的预期——不同输入方法（如使用鼠标、用手指触摸等）的精度各不相同。

我们可以应用菲茨定律实现这一点。该定律指出，用户选中目标对象所需的时间取决于目标对象与当前位置的距离和目标对象的尺寸。换句话说，扩大目标对象的尺寸，选中它所需的时间就会缩短。而且，目标对象与当前位置的距离越短，选中它所需的时间也会越短。反之亦然：目标对象越小、距离越远，准确选中它所需的时间就越长。这个概念简单但影响深远，我们将在本章中详细了解它，并学习一些应用案例。

起源

菲茨定律起源于 1954 年。美国心理学家保罗·菲茨（Paul Fitts）预测，移动到目标区域所需的时间是目标距离与目标宽度之比的函数（如图 2-1 所示）。今天，菲茨定律被认为是最成功、最有影响力的一种人体运动数学模型。它在现实世界和数字世界中广泛运用于人体工程学领域和人机交互领域，来模拟人们的点击行为。[1]

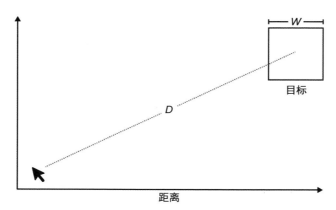

图 2-1：描绘菲茨定律的示意图

注 1：Paul M. Fitts. The Information Capacity of the Human Motor System in Controlling the Amplitude of Movement. *Journal of Experimental Psychology* 47, no. 6, 1954: 381–91.

菲茨还提出了一个难度指数（index of difficulty，ID）来量化选中目标的难度。难度指数的公式和信噪比公式很像，其中到目标中心的距离（D）类似于信号，目标的宽度（W）类似于噪声，如下所示。

$$\text{ID} = \log_2\left(\frac{2D}{W}\right)$$

关键考虑因素

触控目标

在图形用户界面出现之前，菲茨定律被视作为理解物理世界中的人体运动而建立的模型，而如今该定律也应用于通过数字交互界面实现的人体运动。我们可以从菲茨定律中推导出三个关键考虑因素。首先，触控目标应该足够大，以便用户轻松识别并做出准确的选择。其次，不同的触控目标之间应有足够大的空间。最后，触控目标应置于界面的特定区域，以便用户获取。

显然，触控目标的尺寸至关重要：如果触控目标太小，那么用户需要花费更长的时间才能精准地选中它。如表 2-1 所示，不同的公司和组织所推荐的尺寸各不相同，但表中的所有推荐尺寸都表明人们意识到了尺寸的重要性。

表 2-1：最小触控目标尺寸建议

公司/组织	尺寸
人机界面指南（Apple）	44 × 44（单位：pt）
Material Design 指南（谷歌）	48 × 48（单位：dp）
Web 内容无障碍指南（WCAG）	44 × 44（单位：CSS px）
尼尔森诺曼集团	1 × 1（单位：cm）

请务必记住，表 2-1 所建议的尺寸是触控目标的最小尺寸。设计师应尽可能使触控目标大于这些尺寸，不要因为尺寸问题受限。合适的尺寸不仅可以确保交互控件易于选中，便于用户操作，也能强化界面易用的印象。即便用户不会误触，太小的触控目标也会让用户认为界面不好用。

另一个影响交互元素易用性的因素是它们的间距。如果元素间距过小，用户误操作的可能性就会增加。麻省理工学院触控实验室（MIT Touch Lab）开展的一项研究表明，成年人手指的平均直径为 16mm ～ 20mm。[2] 有时候，用户难免会选中触控目标之外的部分区域。如果触控目标之间相距过近，那么其他触控目标可能会被意外选中，这会令用户认为界面的易用性较差。为减少因触控目标相距过近而导致的误触情况，谷歌的 Material Design 指南建议，"各个触控目标应该至少间隔 8dp（density-independent pixel，设备无关像素），以确保均衡的信息密度和良好的易用性"。

除了尺寸和间距外，触控目标在界面中的位置也是提升用户体验的关键。如果将触控目标放置在屏幕上难以触及的区域，用户的操作难度就会加大。值得注意的是，屏幕上这些难以触及的区域不是固定的，而会根据用户的使用情景、使用设备等发生变化。以智能手机为例，智能手机具有多种屏幕尺寸；取决于目标任务和是否可用双手操作，人们手持智能手机的方式各不相同。如果是单手持手机，通过拇指操作，那么屏幕的某些区域可能会难以触及；如果是单手

注 2：Kiran Dandekar, Balasundar I. Raju, Mandayam A. Srinivasan. 3-D Finite-Element Models of Human and Monkey Fingertips to Investigate the Mechanics of Tactile Sense. *Journal of Biomechanical Engineering* 125, no. 5, 2003: 682–91.

持手机，通过另一只手操作，那么屏幕的所有区域都比较容易触及。即使是单手操作，从屏幕右下角到左上角的触控准确度也不是线性提高的。根据用户体验设计专家 Steven Hoober 的研究[3]，人们更喜欢查看和触碰智能手机屏幕的中央，这是触控准确度最高的地方（如图 2-2 所示）。不仅如此，人们也更关注屏幕中央，而不是像使用台式机那样从屏幕的左上角到右下角进行浏览。

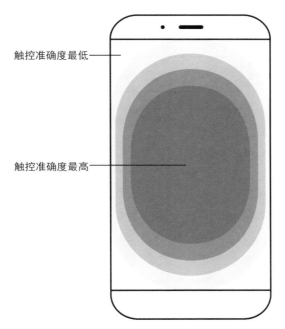

图 2-2：智能手机屏幕的触控准确度差异（根据 Steven Hoober 的研究绘制）

注 3：Steven Hoober. Design for Fingers, Touch, and People, Part 1. UXmatters, 2017.

案例

要理解菲茨定律，一个常用的例子是文本框。通过关联文本框上方的标签和文本框本身，设计师和开发人员可以确保单击标签和选中文本框的效果相同（如图 2-3 所示）。这一功能有效地扩展了文本框的点击区域，使用户可以精准定位输入区域并填写内容，最终为桌面端和移动端的用户提供更好的体验。

图 2-3：文本框的触控目标区域

另一个常用的例子是"提交"按钮的位置。这种按钮通常位于最后一个文本框附近，因为用于完成操作（例如填写并提交表单）的按钮应该靠近当前被激活的元素。如图 2-4 所示，这种布局不仅确保两列文本框在视觉上是相关联的，还确保用户从最后一个文本框到"提交"按钮的移动距离最小。

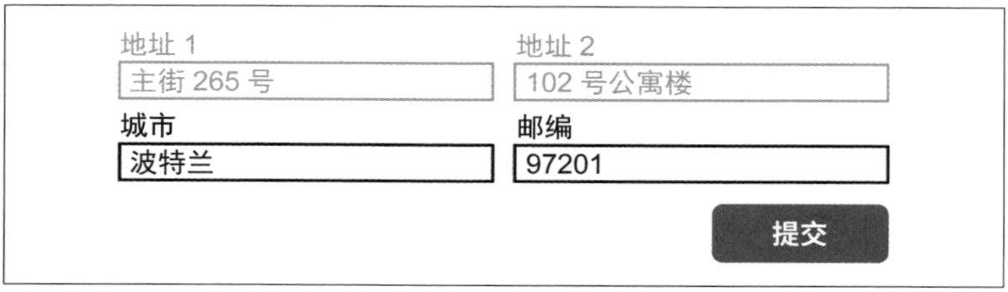

图 2-4："提交"按钮位于最后一个文本框附近

交互元素的间距也是一个重要的考虑因素。以 LinkedIn 在 iOS 应用程序中的"加好友"确认界面为例（如图 2-5 所示）。"接受"按钮和"拒绝"按钮并列放在对话框的右侧。这两个按钮非常接近，所以用户必须耗费极大的精力来认真选择，以防因为误触而错选。其实，每次看到这个界面，我就知道自己必须切换到双手使用模式才能避免点错。

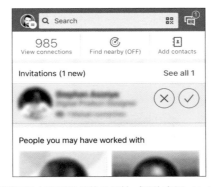

图 2-5：按钮的间距不足会降低产品的易用性（图片来源：LinkedIn，2019 年）

我们每天接触的人机交互系统不只有智能手机、笔记本计算机和台式计算机，还有很多车载信息娱乐系统，比如特斯拉 Model 3 的仪表板就是一块 15 英寸的大显示屏。车辆的大多数控件可以在这块显示屏上找到，但是它们并不向用户提供触觉反馈。这就需要人们在驾驶时将视线转移到显示屏上才能准确操作这些控件，可见菲茨定律至关重要。

Model 3 的显示屏设计遵循了菲茨定律。设计师为底部导航栏中的按钮设置了充足的间距（如图 2-6 所示），这就降低了误触相邻按钮的风险。

图 2-6：为按钮设置足够的间距可以提高产品的易用性，最大限度地降低误触风
　　　　险（图片来源：特斯拉，2019 年）

上文提到，合理设置触控目标的尺寸和位置能降低用户误触的概率。随着 iPhone 的屏幕尺寸变得更大，Apple 公司推出了一项新功能，旨在降低用户单手操作的难度。该功能被称作"可达性"（Reachability），用户可以通过简单的手势将位于屏幕顶部的内容整体移动到屏幕的下半部分（如图 2-7 所示）。它可以让用户更轻松地访问屏幕顶部难以用单手触及的区域。

图 2-7：iPhone 的可达性功能让用户可以轻松访问屏幕的上半部分（图片来源：
　　　　Apple，2019 年）

结论

设计师的主要职责是让界面能够拓展用户的能力，提升用户的体验，而不是分散用户的注意力或阻碍用户的使用。由于屏幕空间有限，移动设备的界面更容易受到菲茨定律的影响。设计师可以设计足够大的交互元素，帮助用户轻松、精准地选中它；还可以为交互元素设置充足的间距，避免用户误触，并将控件放置在更容易触及的位置，以降低用户选中它的难度。

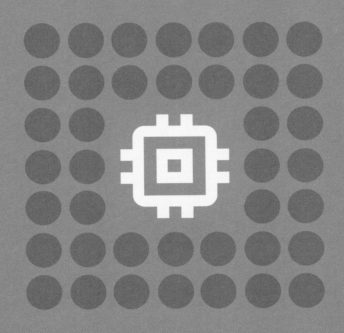

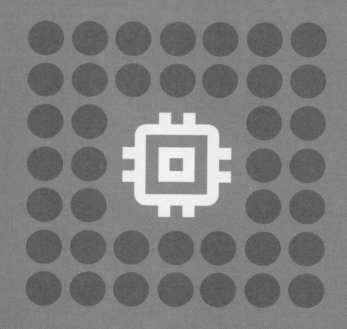

第 3 章

希克定律

选择越多、越复杂，决策所需的时间就越长。

本章要点

- 当响应时间极有可能增加决策时间时，尽量减少选项。
- 将复杂的任务分解成多个步骤，可以减少认知负荷。
- 通过突出显示推荐的选项，可以避免用户在选项面前眼花缭乱。
- 使用渐进式引导来最大限度地减少新用户的认知负荷。
- 注意不要过度简化，以免太过抽象。

概述

设计师的一项主要职能是整合信息，再以一种能让用户轻松接受的方式呈现信息。之所以这样做，是因为设计师深知，繁复冗余会给用户造成困扰。这种困扰会阻碍设计师为用户提供直观的产品和服务。相反，设计师应该让用户快速、轻松地实现他们的目

标。如果完全不了解用户的目标和制约他们的因素，设计师就有
可能给用户造成困扰。因此，设计师的目标是了解用户的目标，
从而减少或消除任何对实现用户目标没有帮助的环节。总之，设
计师应力求高效、从容地简化复杂性。

如果提供的选项太多，界面就会显得低效、拥挤。这清楚地说明
创建产品或服务的人对用户需求不甚了解。复杂性不仅体现在用
户界面上，也存在于与用户交互的流程之中。缺乏明确的行为指
引和清晰的信息架构，以及步骤多余、选项或信息过多，都可能
成为用户在实现某个特定目标时的障碍。

希克定律与以上见解密切相关。该定律指出，选择越多、越复杂，
决策所需的时间就越长。希克定律不仅是决策的基础，还在用户
理解和使用界面时发挥了重要作用。在学习希克定律的相关案例
之前，让我们先来了解它的起源。

起源

希克定律是由心理学家威廉·埃德蒙·希克（William Edmund
Hick）和雷·海曼（Ray Hyman）于 1952 年提出的。在研究刺
激数量与个体对给定刺激的反应时间的关系时，他们发现，增
加选项的数量会增加决策的时间。换句话说，选项越多，人们做
决策所需的时间就越长。其实，有一个公式可以表达这种关系：
$RT = a + b \log_2 n$，如图 3-1 所示。该公式通过存在的选项数量
（n）和两个与任务相关的可测量常数（a 和 b）来计算反应时间
（response time，RT）。

好在我们并不需要理解这个公式背后的数学原理。当把它应用于
设计领域时，你会发现这个概念很简单：用户与界面交互所需的
时间与选项数量直接相关。这意味着复杂的界面会让用户花费更
长的时间才能做出决策，因为他们必须先找到可选项，再选择最
符合的选项。如果界面太复杂，例如按钮难以识别、关键信息难
以找到，用户就需要耗费更多的脑力。这就引出了希克定律的一
大要点：认知负荷。

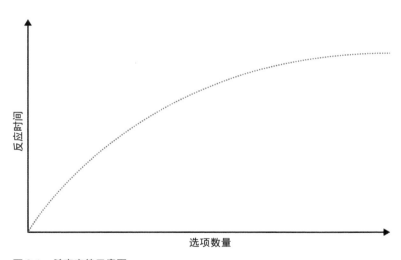

图 3-1：希克定律示意图

心理学概念

认知负荷

在使用数字产品或服务时，用户必须先了解其工作原理，才能确定
如何找到想要的信息。了解如何使用导航功能（有时甚至是如何找

到导航栏）、理解页面布局、与 UI 元素交互以及在表单中输入信息都需要脑力劳动。在这个学习如何使用产品或服务的过程中，用户还需持续关注他们最初打算做的事情。这也许会对他们造成困扰，因为这取决于页面是否好用。理解界面并与之交互所需的脑力劳动总量被称为认知负荷。

你可以把认知负荷想象成手机或笔记本计算机的内存：如果运行的应用程序太多，电池的电量很快就会耗尽，设备的运行速度也会变慢。最糟糕的是，手机或笔记本计算机可能会死机。性能高低取决于处理能力，后者又取决于有限的内存资源。

大脑的工作方式与之类似：当进入大脑的信息过量时，要保持专注就会变得很吃力——这时，我们会不堪重负，任务会变得更加困难，细节将被遗漏。我们的工作记忆缓冲区（如图 3-2 所示）可用于存储与当前任务相关的信息，它有一定数量的槽位来存储信息。如果任务需要的空间大于可用空间，大脑就会从工作记忆中舍弃某些信息来容纳新信息。

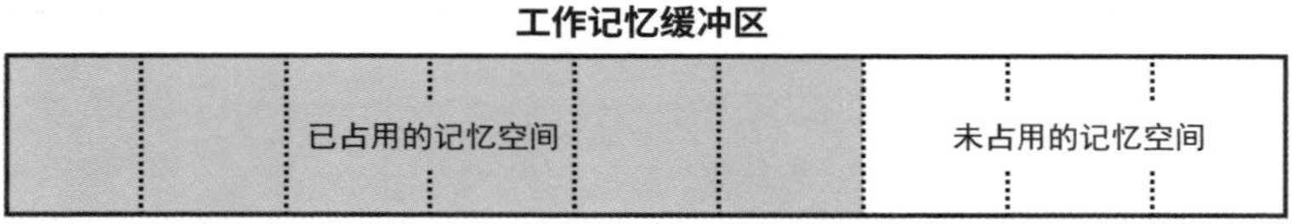

工作记忆缓冲区

图 3-2：工作记忆缓冲区示意图

如果丢失的信息对要执行的任务至关重要，或与要查找的信息密切相关，就会出现问题。任务将变得更加困难，用户可能会因为感到迷茫甚至懊恼而最终放弃任务。这两者都是用户体验不佳的表现。

案例

我们已经基本了解了希克定律和认知负荷，现在来看看关于希克定律的例子。这类例子无处不在，我们先来看一个常见的例子：遥控器。

几十年来，随着电视的功能越来越多，遥控器上的按钮也越来越多。如今的遥控器太复杂，以至于使用它时需要肌肉记忆或大量的脑力劳动。在这样的背景下，"老人友好型遥控器"应运而生。孙辈们为他们的祖父母去除了基础按钮以外的所有按钮，这样做降低了老年人使用遥控器的难度。不仅如此，有人还把经过处理的遥控器拍照后分享到了网上，这为其他人提供了参考（如图 3-3 所示）。

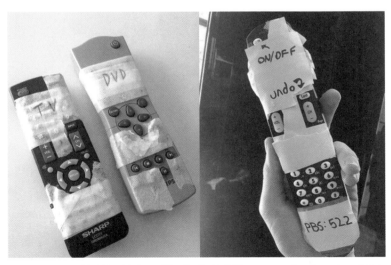

图 3-3：改进后的遥控器简化了"界面"[图片来源：Sam Weller 的 Twitter 页面，2015 年（左）；Luke Hannon 的 Twitter 页面，2016 年（右）]

相比之下，今天的智能电视遥控器就简单多了。与"老人友好型遥控器"相似，智能电视遥控器被简化为只剩下必要的按钮（如图 3-4 所示）。由此，一种不需要大量工作记忆的遥控器诞生了，它所需的认知负荷比普通的遥控器要少得多。复杂性被转移到电视界面本身，其中的信息随着层层菜单有条不紊地显示出来。

图 3-4：智能电视遥控器仅保留了必要的按钮（图片来源：Digital Trends，2018 年）

我们已经看到了希克定律在现实世界中的一些例子，现在让我们把重心转移到数字世界中。希克定律指出，选项的数量会直接影响决策时间。我们可以在恰当的时间为用户提供恰当的选项，而不是从始至终呈现所有的选项。谷歌搜索就是一个很好的例子，它仅在搜索后才按类型（如全部、图片、视频、新闻等）过滤结果，如图 3-5 所示。这有助于让用户专注于更有意义的目标，而不是在一开始就被各种决策淹没。

图 3-5：谷歌简化了初始的搜索任务，并提供了仅在搜索后才过滤结果的功能（图片来源：谷歌，2020 年）

来看看希克定律的另一个例子。引导新用户是一个关键却具有风险的过程，很少有公司能像 Slack 一样在这方面提供出色的用户体验，如图 3-6 所示。与让用户看几张幻灯片后就进入呈现所有功能的界面不同，Slackbot（Slack 的聊天机器人）可以吸引用户，促使他们了解如何以零风险的方式发消息。为了避免新用户感到困惑，Slack 隐藏了除消息输入之外的所有功能。而一旦用户学会了如何使用 Slackbot 发送消息，Slack 就会逐渐向他们推荐其他功能。

图 3-6：Slack 提供渐进式用户引导体验（图片来源：Slack，2019 年）

这是一种有效的用户引导方式，因为它模仿了人们实际的学习过程：新知识建立在已有知识之上。在恰当的时间向用户展示恰当的功能，可以让他们适应复杂的工作流程和产品功能，避免让他们感到茫然。

技巧

卡片分类法

正如你在前面的例子中看到的那样，选项的数量会极大地影响决策时间。这一点在让用户找到他们所需的信息时尤其重要。过多的选项会给用户带来过大的认知负荷，特别是在选项不明的情况下。相反，如果选项太少，用户又难以做出正确的选择。在信息架构方面，为了识别用户期望，有一种特别有效的方法：卡片分类法。这种简易的调研方法有利于根据用户的心智模型来确定选项的组织方式：只需让用户在不同的类别下列出他们最感兴趣的话题即可，如图 3-7 所示。

图 3-7：卡片分类法

卡片分类法的步骤相对简单。虽然卡片分类法可以进一步分为多种方法（封闭式和开放式，系统性和随机性），但它们都遵循相同的流程。系统性开放式[1]卡片分类法是最常见的方法，以下是这种方法的步骤。

1. 确定主题。第一步是确定参与者需要分类的主题。这些主题应该代表信息架构中的主要内容，每个主题都写在一张单独的卡片上（也可以在电子设备上进行）。避免使用相同的词语标记主题，因为这样做可能会误导参与者，让他们将这些主题组合到一起。[2]

2. 将主题归类。这一步是让参与者将主题一一分成他们认为合理的组合。在这个阶段，自言自语是很常见的情况，这可以让他们在思考过程中灵光乍现。

3. 给类别命名。将主题分成不同的类别后，请参与者用他们认为最恰当的词语来为这些类别命名。这一步很有价值，因为它揭示了每个参与者的心智模型，帮助你在信息架构下决定最终的类别名称。

4. 回访参与者（非必要）。在开放式卡片分类法中，回访参与者是最后一步，也是一个非必要但推荐的步骤。这一步要求参与者解释他们创建每个类别的理由。这样做能够让你发现每个参与者做出决策的原因，识别他们遇到的困难，并收集他们对未分类主题的想法。

注 1：相反，如果采用封闭式卡片分类法，那么类别由研究人员预先定义。
注 2：详见雅各布·尼尔森于 2009 年 8 月 23 日发表的文章 "Card Sorting: Pushing Users Beyond Terminology Matches"。

关键考虑因素

过度简化

简化界面或流程有助于减少用户的认知负荷，增加他们完成任务并实现目标的可能性。同样重要的是，要认识到过度简化会对用户体验产生负面影响——更具体地说，如果设计师将界面或流程简化到抽象的程度，用户就搞不清楚可以做哪些操作，接下来该做哪一步，或者在哪里可以找到特定信息。

一个常见的例子是使用图标来传达选项的关键信息，如图 3-8 所示。使用图标有很多优点：视觉吸引力强、节省空间、易于点击。如果具有普适意义，图标还可以提供快速识别功能。挑战在于，真正通用的图标很少见，不同的人往往对同一个图标有不同的理解。虽然依靠图标来传达信息有助于简化界面，但这也可能使执行任务或查找信息变得更加困难。用户很有可能无法立即识别图标，因为用户的知识和经验各异，图标对他们来说不具有固定的意义。

图 3-8：来自 Facebook iOS 端应用程序栏的屏幕截图（图片来源：Facebook，2019 年）

另一个复杂的因素是，对于不同的产品或服务来说，相似的图标可能被用来表示不同的操作或信息，有时表达的内容甚至完全相反。

目前还没有一个图标标准化机构来规范图标在网站上或应用程序中的用法，这意味着设计师及其团队能够自行决定如何使用图标。对于不同的人来说，同一个图标可以代表不同的含义，但当同一个图标代表不同的操作时，会发生什么呢？由于没有参考标准，图标对应的功能可以根据不同的数字体验而有所不同。以"心形"图标和"星星"图标为例，它们通常表示收藏、喜欢、书签或打分的功能，但有时它们可能仅仅表示特色项目。这两个图标不仅在不同的产品和服务中具有不同的含义和功能，它们还常常在同一款产品或服务中表示不同的意思。显然，含义模糊的图标很容易误导用户、增加他们的认知负荷。

提供上下文信息有助于用户识别选项，确定当前信息与预期目标的相关性。研究表明，只需在图标旁边添加文本即可帮助用户发现和识别图标。当在导航栏等重要元素中使用图标时，这种做法更为关键，如图 3-9 所示。文字信息可以帮助传达图标的含义并提高可用性，从而有效地降低图标的抽象性。

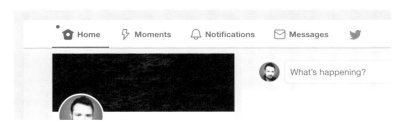

图 3-9：Twitter 网页导航栏中的图标与文本标签一起出现（图片来源：Twitter，2019 年）

结论

希克定律是用户体验设计中的关键概念，它是做一切设计决策时
都需要考虑的潜在因素。当界面太拥挤、操作提示不清晰，或者
关键信息难以找到时，用户的认知负荷就会增加。简化界面或流
程有助于减轻用户的心理压力，但设计师必须添加上下文信息，
以帮助用户识别选项，确定当前信息与预期目标的相关性。要记
住，无论是购买产品、理解产品，还是单纯地想了解更多信息，
每个用户都有一个目标。减少甚至去除任何不能帮助用户实现目
标的元素是设计过程的关键环节。在实现目标的过程中，用户需
要考虑的越少，他们就越有可能实现目标。

我们在讨论认知负荷时谈到了记忆在用户体验设计中的作用。接
下来，我们将通过米勒定律进一步探讨记忆及其重要性。

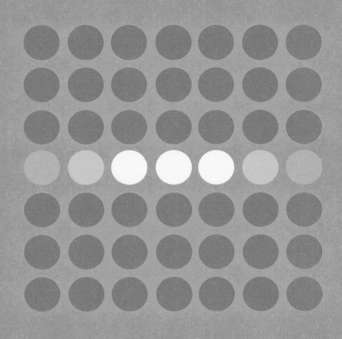

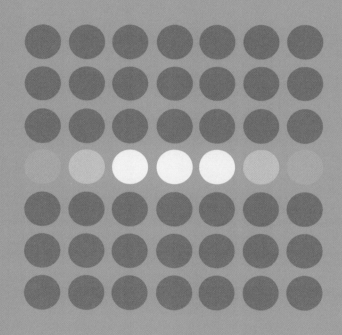

第 4 章

米勒定律

普通人的工作记忆[1]容量为 7（±2）项内容。

本章要点

- 不要使用"神奇数字 7"来为不必要的设计限制找借口。
- 将内容组织成较小的组块，以便用户轻松处理、理解和记忆。
- 短期记忆能力因人而异，它取决于人们的经验和所处的情景。

注 1：《记忆的科学》一书按照持续时间将记忆分为三种类型：工作记忆、长期记忆和前瞻记忆。工作记忆指的是你能够同时在脑子里记住什么内容，用来思考、推理和解决问题。这里的工作记忆就是短期记忆。不过，两者是否可以互换表达是有争议的，部分专家认为两者不同——工作记忆是理解、学习和推理所必需的暂时存储和处理信息的系统，它综合了短期记忆、注意力等；而短期记忆仅暂时存储信息。本书同时使用了"工作记忆"和"短期记忆"。——编者注

概述

很多设计师可能听说过米勒定律，但他们对这一定律的理解未必
准确。米勒定律经常被误用，一些设计师试图用它来证明设计决
策的合理性，例如"必须把导航项的数量限制在 7 个以内"。虽然
限制选项的数量是有价值的（如第 3 章所述），但教条式地遵守
米勒定律反而具有误导性。在本章中，我们将探讨"神奇数字 7"
的起源，以及米勒定律为用户体验设计师提供的真正价值。

起源

米勒定律起源于认知心理学家乔治·米勒（George Miller）在
1956 年发表的一篇题为《神奇数字 7，加 / 减 2：我们的信息处理
能力的一些限制》[2] 的论文。米勒是哈佛大学的心理学教授，他在
该论文中讨论了一维绝对判断的极限和短期记忆极限之间的巧合。
米勒观察到，不管刺激元素中包含的信息量有多大，年轻人的记
忆广度大约都在 7 以内。他由此得出结论，信息的基本单位"比
特"（bit）对记忆广度的影响不如信息组块的数量对记忆广度的影
响大。在认知心理学中，组块（chunk）是指熟悉单元的集合，这
些单元被组合在一起并存储在一个人的记忆中。

根据米勒的结论，人们常常认为普通人的短期记忆中只能容纳
7±2 件事。米勒本人只是在措辞上使用了"神奇数字 7"这个表
述，没想到它会被频频误用。人们后来对短期记忆和工作记忆的

注 2：George A. Miller. The Magical Number Seven, Plus or Minus Two: Some Limits
on Our Capacity for Processing Information. Psychological Review 63, no. 2,
1956: 81–97.

研究表明，即使以"组块"来衡量，记忆广度也不是一个常量。

心理学概念

组块

米勒对短期记忆和记忆广度的迷恋并不止于数字 7，而是集中在组块这个概念和人们据此记忆信息的能力上。他发现，组块的大小似乎并不重要——在短期记忆中，7 个独立的单词可以像 7 个字母一样被轻松记住。虽然有一些因素会影响不同个体能记住的组块数量（比如背景、对内容的熟悉程度、特殊的能力），但结论是相同的：人类的短期记忆是有限的，而组块可以帮助我们更有效地记住信息。

组块这个概念为用户体验设计提供了一种非常有价值的内容处理方式。让内容组块化，能使设计更容易被用户理解。这样一来，用户便可以大概浏览内容，识别与其目标一致的信息，运用该信息更快地实现目标。通过将信息在视觉上分为不同的组块，并清晰地呈现出信息的层级，设计师可以根据用户评估和处理信息的习惯来罗列信息。接下来，让我们看看用什么方法能够实现这一点。

案例

最简单的组块例子就是格式化的电话号码[3]。如果没有经过组块化，电话号码只是一长串数字，而且由于其长度明显大于 7，因此难

注 3：这里以美国的电话号码为例。——编者注

以记忆。经过格式化（组块化）处理，电话号码就更容易记忆了，如图 4-1 所示。

```
4408675309          (440) 867-5309
```

图 4-1：组块化处理前后的美国电话号码

再看一个稍微复杂一些的例子。浏览网页时，我们会不可避免地遇到"文本墙"（如图 4-2 所示）——这种文本没有层次，而且奇长无比。这与未经组块化处理的电话号码是一个道理，只是篇幅更长。这些内容不易于浏览和处理，并且会增加用户的认知负荷。

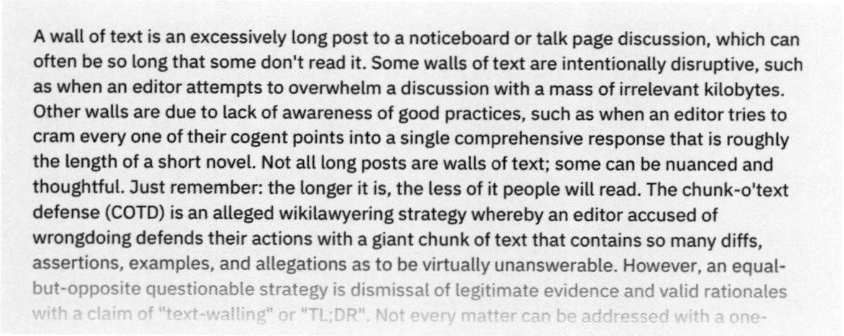

A wall of text is an excessively long post to a noticeboard or talk page discussion, which can often be so long that some don't read it. Some walls of text are intentionally disruptive, such as when an editor attempts to overwhelm a discussion with a mass of irrelevant kilobytes. Other walls are due to lack of awareness of good practices, such as when an editor tries to cram every one of their cogent points into a single comprehensive response that is roughly the length of a short novel. Not all long posts are walls of text; some can be nuanced and thoughtful. Just remember: the longer it is, the less of it people will read. The chunk-o'text defense (COTD) is an alleged wikilawyering strategy whereby an editor accused of wrongdoing defends their actions with a giant chunk of text that contains so many diffs, assertions, examples, and allegations as to be virtually unanswerable. However, an equal-but-opposite questionable strategy is dismissal of legitimate evidence and valid rationales with a claim of "text-walling" or "TL;DR". Not every matter can be addressed with a one-

图 4-2："文本墙"示例（图片来源：维基百科，2019 年）

把原始文本与经过排版、分层、缩减篇幅之后的文本进行对比，效果一目了然。图 4-3 是"文本墙"的改进版本：添加大标题和小标题对文本进行分层，利用空行将内容分成不同的段落，缩减篇幅来提升可读性。改进后的文本还通过添加下划线来表示超链接，并用背景色将关键的句子和上下文区别开来。

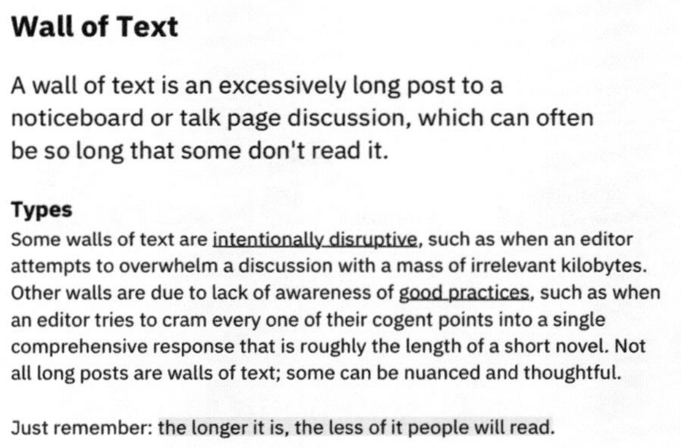

Wall of Text

A wall of text is an excessively long post to a
noticeboard or talk page discussion, which can often
be so long that some don't read it.

Types

Some walls of text are <u>intentionally disruptive</u>, such as when an editor
attempts to overwhelm a discussion with a mass of irrelevant kilobytes.
Other walls are due to lack of awareness of <u>good practices</u>, such as when
an editor tries to cram every one of their cogent points into a single
comprehensive response that is roughly the length of a short novel. Not
all long posts are walls of text; some can be nuanced and thoughtful.

Just remember: the longer it is, the less of it people will read.

图 4-3：通过排版、分层、缩减篇幅来改进"文本墙"（图片来源：维基百科，2019 年）

下面，让我们来看看如何将组块运用到更广泛的场景中。组块化把内容划分为不同的模块，为每个模块设定规则，形成清晰的层次结构，帮助用户理解不同信息的内在联系。尤其是在信息密集型页面中，利用组块可以体现内容的结构，确保页面不仅在视觉上更令人赏心悦目，还便于浏览。用户通过浏览最新标题就可以快速浏览整个页面，确定哪些内容值得关注。

组块化不仅对于解决信息密集型问题十分有效，在其他方面也有不少应用。以电子商务网站为例（如图 4-4 所示），使用组块可以将单个产品（如一双鞋）的相关信息分为一组。虽然没有用同一个背景色或者边框将所有元素组织在一起，但组块在视觉上一目了然，因为单个产品的相关信息（产品的图片、名称、价格、类型和颜色）彼此接近。此外，该网站还在左边栏中利用组块功能对用于筛选产品的关键词进行了分组。

图 4-4：组块通常用于对电子商务网站上的产品进行分组和过滤（图片来源：Nike，2019 年）

以上例子展示了如何使用组块直观地组织内容，帮助用户更轻松地理解信息之间的关系和内容的层次结构。组块法并不是限制特定时间或特定类别内的组块数量；相反，它只是一种内容组织方式，可以让用户更轻松、更快速地识别重要信息。

关键考虑因素

神奇数字 7

有些人误以为米勒定律对短期记忆可以存储和处理的组块数量有特定的限制，即 7±2 项内容，因此认为相关界面元素的数量不应超出此范围。误用米勒定律的一个常见例子是导航菜单。也许你过去听人说过，必须把导航菜单的链接数量限制在 7 个以内，并引用米勒定律作为依据。实际上，像导航菜单之类的设计模式并不需要人们记忆——导航菜单提供给用户的选项随时可见。换句话说，将这些链接限制在一定的数量内并不能提升页面的可用性。相反，只要导航菜单设计得足够好，用户就能够快速识别相关链接——他们唯一需要记住的是自己的实际目标。

来看看图 4-5 所示的导航菜单，其中的链接数量远远超过 7 个，但由于空白和竖线的设计使分类清晰，因此用户浏览起来很轻松。

图 4-5：尽管没有将链接数量限制在 7 个以内，但导航菜单依然一目了然（图片来源：Nike，2019 年）

米勒的研究集中在短期记忆的局限性上，以及如何通过将碎片化信息组织成有意义的组块来优化短期记忆。每个人对信息的了解程度不同，实际可记忆的组块数量也不同，甚至有研究表明，平均组块数量限制要小于米勒在研究中确定的值。

结论

我们周围的信息量正呈指数级增长，但人类用于处理这些信息的脑力资源是有限的，超负荷不可避免，这会直接削弱人类完成任务的能力。米勒定律教导我们使用组块将内容组织成更小的单元，以便用户轻松地处理、理解和记住信息。

第 5 章

波斯特尔定律

输出保守，输入多元。

本章要点

- 要理解、灵活处理、宽容对待用户可能进行的所有操作或输入的所有内容。
- 提供可靠、可用的界面时，要考虑到界面在输入、可访问性和能力方面的所有可能。
- 在设计时预测和规划的因素越多，设计的弹性就越大。
- 接受用户以不同的格式输入，转换输入格式以满足你的需求，定义输入边界，并向用户提供清晰的反馈。

概述

良好的用户体验意味着良好的人类体验。人类和机器不一样：我们有时自相矛盾、经常分心、容易出错，还时常意气用事。我们期望产品和服务能够理解我们、宽容我们。任何时候，我们都希望掌控局面。当被要求提供过多的信息时，我们会感到恼火。与此同时，我们使用的设备和软件在性能、功能等方面差异很大。为了满足用户的期望，设计师必须使产品和服务具有较强的可靠性和适应性。波斯特尔定律（也被称为稳健性原则）为设计以人为本的用户体验提供了指导原则。设计这种用户体验需要同时考虑规模大小和复杂程度。

波斯特尔定律的前半部分指出"输出保守"。在设计语境下，这是指设计师的产出应该是可靠且可用的，无论产出的是一个界面还是一个综合系统，都应该如此。可靠且可用是数字产品或服务的重要特征，因为界面必须易于使用，同时必须便于尽可能多的用户使用。这意味着无论设备是大是小、性能是否支持、输入机制如何、辅助技术怎样，甚至连接速度如何，任何人都可以使用它们。

波斯特尔定律的后半部分指出"输入多元"。在设计语境下，这可以理解为设计师必须接受各种各样的输入机制和多种类型的输入格式。桌面端的用户应该能够通过鼠标和键盘（或者仅通过键盘）输入数据，抑或通过辅助技术输入；移动用户应该能够通过触控和手势输入，以及用各种语言、方言和术语进行语音输入。设计师应考虑到各种屏幕尺寸和屏幕分辨率，小到手表界面，大到电视屏幕。不仅如此，设计师还应使产品或服务适用于各种网络环境，不论网络带宽、连接速度和其他网络条件如何。

在本章中，我们将仔细研究波斯特尔定律的一些例子，以及设计师如何利用这一定律设计适合实际用户的产品和服务。

起源

乔恩·波斯特尔（Jon Postel）是美国的一位计算机科学家，他为
互联网基础协议的确立做出了重大贡献，其中一大贡献是传输控
制协议（transmission control protocol，TCP）的早期创立，该协
议是网络发送和接收数据的基础。在 TCP 规范中，波斯特尔介绍
了稳健性原则（robustness principle），并指出："TCP 的实现应该
遵循稳健性原则：输出保守，输入多元。"[1] 该原则背后的思想是，
发送数据（无论是向其他机器发送数据，还是向同一机器上的不
同程序发送数据）的程序应符合规范，而接收数据的程序则应该
足够稳健，以接受和解析不符合要求的输入，只要输入内容的意
思明确即可。

波斯特尔定律最初旨在成为计算机网络工程领域（特别是跨计算
机网络的数据传输）的指南。稳健性原则引入的容错能力促进了
早期互联网节点之间的可靠通信，但其影响范围不仅限于计算机
网络工程——软件架构也受到这一定律的影响。以 HTML 和 CSS
这样的说明性语言为例。它们的错误处理方法较为宽松，这意味
着网站制作者所犯的错误或浏览器缺乏对特定功能的支持等问题
将由浏览器自行处理。如果不能识别某些内容，浏览器就会直接
忽略这些内容。这就大幅提升了 HTML 和 CSS 的灵活性，也因此
确立了它们在互联网舞台上的统治地位。

除此之外，波斯特尔定律表述的理念也可以应用于用户体验设计，
以及用户输入和系统输出的处理方式。如前所述，良好的用户体

注 1：Jon Postel. RFC 793: Transmission Control Protocol. 1981.

验意味着良好的人类体验。由于人类和计算机的沟通方式和信息
处理方式截然不同，因此设计师有责任帮助二者跨越沟通鸿沟。
下面，让我们一起来看看将此定律运用于设计的例子。

案例

波斯特尔定律描述了一种更符合人机交互理论的设计方法：在使
界面可靠且可用的同时，设计师应该预见在输入、可访问性和功
能方面会出现的所有情况。有无数的例子可以印证这一设计方法，
让我们首先来看数字世界中无处不在的例子：表单信息录入。长
期以来，表单一直是人们向数字系统提供信息的主要途径。从本
质上讲，表单是人类与系统交互的媒介：产品或服务需要信息，
用户则通过提交填好的表单来提供这些信息。

将波斯特尔定律作为表单信息录入的指南，首先要考虑如何有节
制地向用户索要信息。要求用户提供的字段越多，他们需要付出
的认知精力和努力就越多，这可能导致决策质量下降［通常称为
决策疲劳（decision fatigue）］，并使他们完成表单的可能性降低。
只索要必要的信息，而不是重复索要你已经拥有的信息（例如电
子邮箱或密码），你就可以最大限度地减少用户填写表单所需的
精力。

此外，还需要考虑系统在用户输入方面的灵活性。由于人类彼此
之间的沟通方式和计算机所用的方式不同，因此人类提供的信息
可能与计算机能够处理的信息脱节。波斯特尔定律指出，计算机
应该足够强大，以接受不同类型的输入。计算机不仅需要理解人
类输入的内容，还要将其处理成计算机可读的格式。虽然可以通

过多种方法实现这一点，但事半功倍才是最理想的。以 Apple 公司的 Face ID 为例，如图 5-1 所示。这种面部识别系统使得 Apple 用户能够在移动设备上进行身份验证，而无须在每次尝试解锁设备时都提供用户名或密码。

图 5-1：Face ID 让用户可以安全地解锁 iPhone 或 iPad、验证购买操作、登录应用程序等（图片来源：Apple，2020 年）

接下来看一个在后桌面计算机时代无处不在的例子：响应式 Web 设计。在过去的几十年里，随着越来越多的设备拥有连网能力，人们也越来越需要设备根据不同的屏幕大小来显示内容。Ethan Marcotte 在 2010 年提出了"响应式 Web 设计"这一方法。该方法依靠"流动的网格、灵活的图像和媒体查询"[2]来创建网站，允许内容以一种流动的方式响应不同的浏览环境。为了适应不同的浏览环境，当时的主流方法是分别为台式计算机和移动设备设计不同的网页。与之不同，响应式 Web 设计这种全新的方法推动设计师超越"针对设备设计体验"的思维范式，转而采用一种适应网页流动性质的方法。CSS 不断增长的功能让设计师知道，内容

注 2：详见"Responsive Web Design"一文。

能够灵活地适应任何浏览环境，不论是支持互联网连接功能的智
能手表、智能手机、游戏机、笔记本计算机、台式计算机，还是
电视，如图 5-2 所示。如今，响应式 Web 设计已经成为打造互联
网体验时的事实标准。它体现了在广泛接受多种输入的同时，提供
可靠的适应性和可以在任何屏幕、任何设备上显示内容的理念。

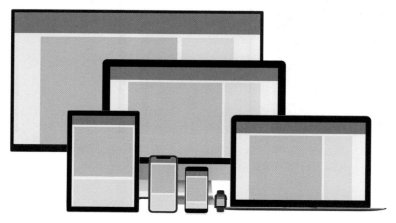

图 5-2：响应式 Web 设计适应网页的流动性质

渐进式增强（progressive enhancement）是一种专注于内容，同
时渐进式地叠加样式和交互层次的 Web 设计策略。它也是波斯
特尔定律的一个例子。2003 年，Steve Champeon 和 Nick Finck
在 SXSW 活动上做了题为 "Inclusive Web Design for the Future"
（面向未来的包容性 Web 设计）的演讲，并首次介绍了这一策略。
该策略强调，无论浏览器是否兼容、设备是否支持、网络连接速
度如何，所有用户都应该可以访问基本内容并使用基本功能。在
添加特性和功能时，渐进式地叠加额外的样式和交互层次，在不
妨碍用户访问核心内容的前提下，让用户在使用更新的浏览器、

更先进的设备或更快的网络时获得更好的体验。这种方法与之前
流行的所谓"优雅降级"的策略形成鲜明对比，后者强调容错能
力，更关注先进的软硬件，并为软硬件的退化铺好后路。

渐进式增强的优势在于它能够自如地兼容任何水平的浏览器性能、
任何级别的设备功能，以及任何连接速度，并在保留核心内容的
同时保守地进行分层增强，从而实现网页的普适性。以简单的搜
索框为例，任何人都可以在其中输入想搜索的关键词。但经过增
强后，搜索框可以支持语音输入，如图 5-3 所示。最开始，每个
人面对的都会是默认的搜索框，也就是说，每个人都可以使用它，
包括那些使用辅助设备（例如屏幕阅读器）的用户。如果系统检
测到用户的设备支持语音输入，那么搜索框将增加一层功能：允
许用户通过单击麦克风图标来调用语音助手。语音助手能够将语
音转换为文本。由此，搜索框的输入方法在不影响其核心功能的
前提下得到了扩展。

图 5-3：　渐进式增强的搜索组件在默认情况下提供文本搜索框，并在设备支持语
　　　　　音输入时提供语音助手功能

波斯特尔定律的例子不仅限于界面，还包括流程。以设计系统为
例，它是可重复使用的组件和模式的集合。这些组件和模式遵循
一定的使用标准。设计系统的目标是将这些组件和模式组合起来，
构建任意数量的应用程序，并提供一个框架来确保设计的可扩展
性。事实证明，这些工具非常有价值，它们使公司能够在其整个
范围内以一致的方式扩展设计，如图 5-4 所示。为了创建有效的

设计系统，组织必须能够接受多元的输入：从设计、内容和代码，到战略、意见和批评，这一切都可能由不同的团队贡献。相比之下，设计系统的输出是保守的：指南、组件、模式和原则都必须清楚明了、有的放矢。

图 5-4：设计系统使设计能够在许多知名公司中以一种可管理、一致的方式进行扩展。从左到右分别是 IBM 的 Carbon 设计系统、Salesforce 的 Lightning 设计系统、Shopify 的 Polaris 设计系统（图片来源：IBM、Salesforce、Shopify，2020 年）

关键考虑因素

设计的弹性

用户输入系统的内容是可变的，不同的内容可能有天壤之别。因此，为了提供更好的用户体验，设计师应该使系统能够接受多元输入。但是，这也意味着出错的概率可能增加，或者至少会导致用户体验不甚理想。在设计时预测和规划的因素越多，设计的弹性就越大。

以国际化这个主题为例。因为语言不同，表示相同意思的文本可能有不同的长度。许多设计师只考虑到自己的母语，而没有考虑到其他语言的文本扩展性。这可能导致文本长度大幅增加。英语是非常紧凑的语言，当把英语翻译成意大利语等不那么紧凑的语言时，文本长度可能扩展到原来的三倍，如图 5-5 所示。对于不同的语言，文本方向也不甚相同——一些语言的文本方向是从左到右，另一些是从右到左，甚至还有一些是从上到下。通过考虑这些差异，设计师可以创建更强大的设计作品，以适应不同的文本长度和文本方向。

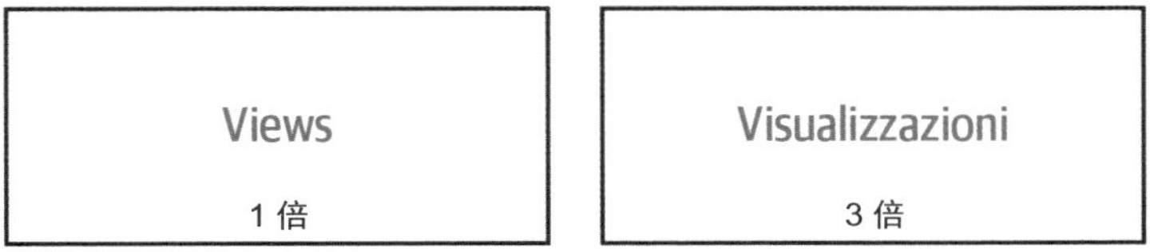

图 5-5：从英语（左）到意大利语（右）的文本扩展程度（图片来源：W3C）

另一个例子是默认的字号。用户应该能够在移动设备上和在浏览器中自定义字号。此功能的目的是让用户能够控制显示情况，通常是通过放大整个应用程序中或网站上的所有文本，来提高可读性。但是，仅放大文本可能造成问题，因为还需要考虑到改变字号对页面布局和文本可用空间的影响。适应性强的设计考虑到了这一点，并会从容地做出响应。以图 5-6 所示的网站为例，它的导航栏能够很好地适应不同的字号。该设计考虑到了自定义字号的可能性：在字号较小时，按重要性排列搜索栏下方的导航项；在字号较大时，删除不太重要的导航项。

图 5-6：能够适应不同字号的导航栏（图片来源：亚马逊，2019 年）

结论

波斯特尔定律可以帮助设计师跨越人机交互的鸿沟。通过让系统能够接受用户输入的多元信息，并将其转换为计算机可读的结构化输出，设计师能为用户减少认知负荷，从而提供更加人性化的用户体验。这使设计师能够构建稳健且适应性强的产品和服务，以满足不断增长、愈加复杂的用户需求。虽然这也意味着增加出错的概率，但设计师可以预见这一点并为避免出错而提前规划，从而提高产品和服务的弹性。

第 6 章

峰终法则

用户对于一段体验的评价大多基于他们在"峰"和"终"
的体验，而非基于这段体验中所有时刻的平均体验值。

本章要点

- 密切关注用户体验的高峰时刻和最终时刻（"结束
  时刻"）。
- 找出产品最有帮助、最有价值、最有趣的时刻，由
  此进行设计，取悦终端用户。
- 记住，相比美好的经历，人们会更清楚地记住糟糕
  的经历。

概述

追忆往昔，我们会发现一个有趣的现象：相比于整段经历的每个
时刻，我们更倾向于关注情绪的高峰时刻和结束时刻，无论这些
时刻是积极的还是消极的。也就是说，我们记住的每一段人生经
历都是一系列具有代表性的快照，而不是整段经历。我们会在脑
中将自己在情绪的高峰时刻和结束时刻的感受平均化，这极大地

影响着我们对整段经历的评价，并决定了我们是否愿意再经历一次或将相关的产品推荐给他人。峰终法则提醒设计师，应该密切关注这些关键时刻，以确保用户对整段体验给出积极评价。

起源

Daniel Kahneman 等人在 1993 年发表的论文《当更多的痛苦比更少的痛苦更受欢迎时：更好的结局》[1] 中首次探讨了峰终法则。他们进行了一项实验，让参与者分别经历同一种不适体验的两种形式。在第一次实验中，参与者将一只手浸入 14℃ 的水中，持续时间为 60 秒。在第二次实验中，参与者将另一只手浸入 14℃ 的水中，持续时间仍为 60 秒。然后，他们让参与者将手继续保持在水中 30 秒，同时将水温升至 15℃。当需要选择一项实验重复进行时，参与者更愿意重复第二次实验。尽管需要在令其不适的水温下保持更长的时间，参与者也仍然如此选择。作者的结论是，参与者之所以选择持续时间更长的实验，仅仅是因为他们更喜欢对第二次实验的记忆。

Daniel Kahneman 和 Donald A. Redelmeier 在 1996 年所做的一项研究[2] 证实了这一结论。该研究发现，接受结肠镜检查或碎石术的患者总是根据他们在检查过程中感觉最糟糕的时刻和最后时刻的

注 1：Daniel Kahneman, Barbara L. Fredrickson, Charles A. Schreiber, et al. When More Pain Is Preferred to Less: Adding a Better End. Psychological Science 4, no. 6, 1993: 401–5.

注 2：Donald A. Redelmeier, Daniel Kahneman. Patients' Memories of Painful Medical Treatments: Real-Time and Retrospective Evaluations of Two Minimally Invasive Procedures. Pain 66, no. 1, 1996: 3–8.

疼痛程度来评估这段经历的不适感，不论检查中的疼痛时长和疼痛程度如何变化。他们后来的一项研究[3]对此进行了扩展，将患者随机分为两组：一组接受了正常的结肠镜检查，另一组除了将内窥镜的尖端在不充气也不抽气的情况下在患者体内多滞留三分钟外，检查过程与第一组毫无差别。检查结束后，当被问及感受时，与第一组的参与者相比，第二组（检查时间更长）的参与者认为在最后时刻经历的痛苦更少，整体经历没有那么不愉快，且对结肠镜检查的厌恶程度也更低。此外，第二组的参与者也更愿意进行后续检查。这是因为他们所经历的痛苦更少，进而对这段经历给出了积极的评价。

心理学概念

认知偏差

了解认知偏差有助于理解峰终法则。"认知偏差"这个主题本身就足以用一本书的篇幅进行探讨，但本书只在峰终法则的背景下简单地介绍"认知偏差"。

认知偏差是人们在思维或理性判断方面所犯的系统性错误，它会影响人们对世界的感知能力和决策能力。Amos Tversky 和 Daniel Kahneman 于 1972 年[4]首次提出这个概念。他们认为，心理捷径能省去人们对形势进行通盘分析的过程，帮助人们快速做出决定，从而

注 3： Donald A. Redelmeier, Joel Katz, Daniel Kahneman. Memories of Colonoscopy: A Randomized Trial. Pain 104, no. 1–2, 2003: 187–94.

注 4： Daniel Kahneman. Amos Tversky. Subjective Probability: A Judgment of Representativeness. Cognitive Psychology 3, no. 3, 1972: 430–54.

提高效率。这样一来，每当需要做决定时，人们便不会被内心所困，而可以依靠本能反应来推动决策过程，只需在必要时进行更深入的思考即可。然而，认知偏差也会扭曲人们的思维和感知，最终导致判断出错、决策不当。

针对一个热点话题，你也许和其他人在观点上针锋相对。你试图有理有据地和对方讨论这个话题，却发现异常困难。这背后的原因往往是，为了维持已有的认知，人们总会更加关注与之相符的信息，而忽略与之相悖的信息。这被称为证真偏差（confirmation bias），它是一种信念偏差，即人们倾向于通过证实自己先入为主的观念和想法，来寻找、解释和回忆信息。常见的人类偏差有很多种，这只不过是其中之一。

峰终法则对应的也是一种认知偏差，被称作记忆偏差（memory bias），因为它会影响人们的记忆。相对于没有引发强烈情绪的事件来说，人们更容易记住让自己有强烈情绪的事件，这会影响人们对体验的感知：人们回忆起的不是在整段经历中的累加感受，而是在高峰时刻和结束时刻的平均感受。

峰终法则与另一种被称为近因效应的认知偏差有关。近因效应是指，人们更容易回忆起一个序列尾部的项目。

案例

在理解情绪如何影响用户体验方面，Mailchimp 表现得非常出色。创建电子邮件营销活动可能是一件劳心的事，但 Mailchimp 在引导用户的同时，还能维持一个轻松、令人安心的整体氛围。举个例子，假设你已经精心写好给读者准备的电子邮件，正准备点击"发送"按钮。这一刻，你的情绪达到高峰——你既因付出的所有心血即将得到回报而感到兴奋，又因担心失败而感到焦虑。Mailchimp 明白这是一个重要的时刻，尤其对于初次使用该产品的用户来说。因此在这一页面上，Mailchimp 提供的不仅仅是一个简单的"发送"按钮，如图 6-1 所示。

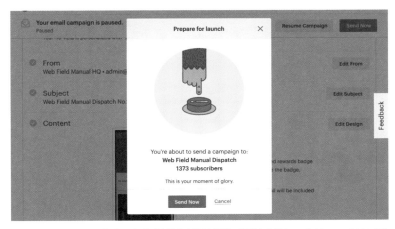

图 6-1：Mailchimp 的电子邮件营销活动确认操作（图片来源：Mailchimp，2019 年）

通过插图、微动画和幽默的语言，Mailchimp 在给用户的提示中融入了品牌特色，并利用这个办法缓解了用户可能承受的压力。Mailchimp 的吉祥物是一只叫作 Freddie 的黑猩猩。它的手指悬停在一个红色的大按钮上，仿佛暗示它正在急切地等待你的许可。等待的时间越长，Freddie 似乎就越紧张，因为你可以看到它的手开始冒汗珠，并且微微颤抖。

Mailchimp 对关键时刻的巧妙处理远不止于此。发送关于电子邮件
营销活动的信息后，用户将跳转到图 6-2 所示的确认页面，其中提
供了活动的详细信息。这个页面包含一个"彩蛋"，其目的是赞赏
用户的辛勤工作：Freddie 与用户击掌庆祝，好像是为了让用户安
心，同时赞赏用户的工作做得很好。这些细节增强了用户的成就
感，也提升了用户体验，给使用这项服务的人留下了良好的印象。

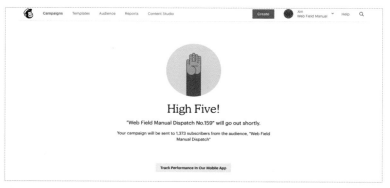

图 6-2：Mailchimp 的"电子邮件已发送"页面（图片来源：Mailchimp，2019 年）

积极事件并不是影响用户感受的唯一因素。消极事件也会让用户
经历情绪高峰，给用户留下持久的印象。以等待时间为例，用
户对产品或服务的评价深深地受到等待时间的影响。网约车公
司 Uber 意识到等待是其商业模式中不可避免的一环，为了缓解
这一痛点，Uber 关注与等待时间相关的三个概念：空闲厌恶感
（idleness aversion）、运营透明度（operational transparency）和
目标梯度效应（the goal gradient effect）[5]。如图 6-3 所示，Uber

注 5：详见 Priya Kamat 和 Candice Hogan 所著的文章 "How Uber Leverages Applied Behavioral Science at Scale"。

Express POOL 用户会看到一段动画，该动画不仅能让他们掌握相关信息，还具有娱乐性（避免空闲厌恶感）。该应用程序提供了网约车的预计到达时间及其计算方法（提供运营透明度），并且清楚地解释了每个步骤，让用户感到自己在不断接近乘车这一目标（目标梯度效应）。通过关注用户对等待时间的感知，Uber 降低了用户发出用车请求后的取消率，并避免了用户在使用其服务时经历负面情绪高峰。

图 6-3：Uber Express POOL（图片来源：Uber，2019 年）

技巧

旅程地图

旅程地图有助于识别用户的情绪高峰。通过说明如何完成特定任务或实现特定目标，旅程地图将人们使用产品或服务的过程可视化，这样的定性实践很有价值。如图 6-4 所示，旅程地图不仅有助于设计师和项目干系人建立一致的心智模型，还可以加深二者对用户体验的共同理解，进而发现用户体验中存在的挑战和机遇。

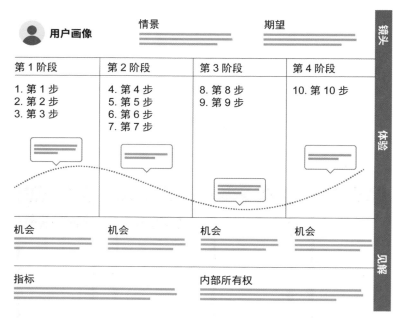

图 6-4：旅程地图示例

像其他所有设计实践一样，旅程地图可以而且应该根据项目的目标进行调整。不过，所有旅程地图通常都包含以下关键信息。

镜头

旅程地图的第一部分是镜头，它决定了接受体验的用户的视角，通常包含用户画像。用户画像基于产品或服务的目标用户调研结果（详见第 1 章）。镜头应捕捉旅程地图所关注的特定情景。这个情景既可能是真实的，也可能是未发布的产品或服务的一个预设情景。最后，镜头通常会描述用户在该情景中的期望。例如，Jane（用户）正在使用网约车服务叫车（情景），她希望车能在 10 分钟之内到达预定位置（期望）。

体验

旅程地图的第二部分是体验，它以时间顺序展示了用户的行为、心态和情感。首先，粗略地把体验分成一些阶段。然后，定义行为。这些行为决定了用户为完成任务或实现目标而在每个阶段中必须执行的步骤。接着，定义用户在体验过程中的心态。由于旅程地图要揭示的用户感受不同，因此这些信息也会有所不同。它本质上是上下文信息，有助于更深入地了解用户在每个阶段的想法。心态层捕捉的典型信息包括从用户研究或用户访谈中获取的用户的常见想法、痛点、问题和动机。最后是情感层，它通常是一条贯穿整段体验的线，捕捉用户在体验期间的情绪状态。根据峰终法则，这一层尤其重要，因为它捕捉了用户的情绪高峰。

见解

旅程地图的最后一部分是见解，它展示了从体验中得出的重要结论。这一部分通常包含一系列能够提升整体体验的机会、一系列有助于改善体验的指标，以及关于这些指标内部所有权的详细信息。回到网约车的例子，在叫车后向用户实时提供车辆位置信息有助于缓解等待这一痛点（机会）。该功能需要由产品团队（内部所有权）设计和开发，并且可以根据用户乘坐后的评分（指标）进行监控。

关键考虑因素

消极峰值

产品或服务在生命周期中会不可避免地遇到一些问题。这些问题既可能是具有连锁反应并导致服务中断的服务器故障，也可能是会引发安全问题的程序漏洞，还可能是因设计决策没有考虑到所有用户而引起的始料未及的问题。所有这些问题都可能触发用户的负面情绪，并影响他们对体验的整体印象。

然而，如果有合适的备选方案，这种挫折就可以变成机会。以非常常见的 404 错误页面为例。当找不到网页时，用户可能会感到沮丧，进而产生负面情绪。但一些公司以此为契机，与用户建立融洽的关系，并利用老式的幽默来强化品牌特点，如图 6-5 所示。

图 6-5：各种使用幽默强化品牌特点的 404 错误页面 [图片来源（从左上角顺时针）：Mailchimp、Ueno、Pixar 和 GitHub，2019 年]

结论

我们的记忆很少能完全准确地记录事件。用户对体验的回忆将决定他们再次使用某一产品和服务或将其推荐给他人的可能性。由于我们对经历的判断并不是基于在整个事件期间的累加感受，而是基于我们在情绪的高峰时刻和结束时刻的平均感受，因此在这些时刻给人留下持久的好印象至关重要。通过密切关注用户体验的这些关键时刻，设计师可以让用户对整段体验有一个积极的印象。

第7章

美学易用性效应

用户通常认为美观的设计更易用。

本章要点

- 美观的设计能让人们的大脑产生积极的反应，并引
  导人们相信它可以更好地发挥作用。
- 当产品或服务的设计很美观时，人们对次要的易用
  性问题会更加宽容。
- 美观的设计会掩盖易用性问题，不利于在易用性测
  试中暴露问题。

概述

设计师要设计的不只是产品的外观，还有工作原理。这并不是说设
计不能兼具美感和易用性。事实上，美观的设计可以强化易用性，
它不仅能引起积极的情绪反应，还能增强人们的认知能力和对易用
性的感知，从而提升他们对产品的信任度。换句话说，美观的设
计能让人们的大脑产生积极的反应，并引导人们相信它可以更好地

发挥作用 [1]。这种现象被称为美学易用性效应。第一次看到某样东西时，出于本能，人们能很快地运用认知判断此物是否漂亮，这种情况对于数字界面同样适用。第一印象的确至关重要。

在本章中，我们将探讨这一效应的起源，深入了解人类基于审美处理信息的过程，并看看几个利用这一效应的例子。

起源

美学易用性效应的提出可以追溯到 1995 年由日立设计中心研究人员黑须正明和鹿志村香进行的一项研究 [2]。在那之前，很少有人探索过美学与数字界面之间的关系。研究人员探索了内在易用性与他们所称的"外观易用性"这个概念之间的关系，并证明了人们对易用性的感知与视觉吸引力之间存在相关性。

黑须正明和鹿志村香让 252 名参与者测试了 26 种 ATM 界面布局（如图 7-1 所示），并要求每个人就功能和美学两方面对每种设计进行评分。参与者使用 10 分制来评估每种设计的易用性和视觉吸引力。结果表明，他们对界面吸引力的感知强烈影响了他们对易用性的感知（如图 7-2 所示）。换句话说，与外观易用性相比，美观与内在易用性的相关性更大。

注 1： F. Gregory Ashby, Alice M. Isen, And U. Turken. A Neuropsychological Theory of Positive Affect and Its Influence on Cognition. Psychological Review 106, no. 3, 1999: 529–50.

注 2： Masaaki Kurosu, Kaori Kashimura. Apparent Usability vs. Inherent Usability: Experimental Analysis on the Determinants of the Apparent Usability. In CHI '95: Conference Companion on Human Factors in Computing Systems, Association for Computing Machinery, 1995: 292–93.

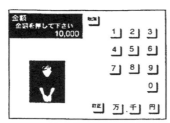

高易用性分数和低美观分数
（第 6 位）

高易用性分数和高美观分数
（第 23 位）

低易用性分数和低美观分数
（第 17 位）

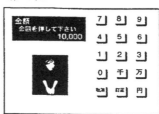

低易用性分数和高美观分数
（第 13 位）

图 7-1：布局模式样本（图片来源：黑须正明和鹿志村香，1995 年）

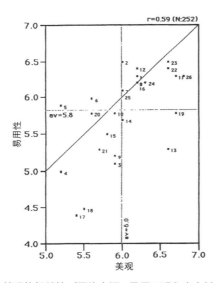

图 7-2：易用性与美观的相关性（图片来源：黑须正明和鹿志村香，1995 年）

随后，Noam Tractinsky 等人在 2000 年的研究证实了黑须正明和鹿志村香的结论，并进一步证实了美观的系统界面会影响用户对系统易用性的感知[3]。此外，他们还探讨了感知吸引力与其他品质（包括信任度和可信度）之间的相关性，以及美学对易用性测试的影响（参见关键考虑因素之"对易用性测试的影响"）。

心理学概念

自动认知加工

我们从小接受的教育告诉我们不能"以貌取人"，但事实上，我们确实会青睐好看的事物。实际上，这并不是一件坏事——有时"以貌取人"甚至是必要的。进行自动认知加工是有利的，它让我们能够快速做出反应。仔细消化周围的每一件事缓慢且低效，在某些情况下甚至是危险的，所以我们会在心里处理信息，并根据经验形成看法，然后有意识地将注意力转移到需要感知的事物上。这种自动、无意识的思维模式与紧随其后的更慢、更谨慎的思维模式形成鲜明对比，也正是心理学家和经济学家 Daniel Kahneman 在其著作《思考，快与慢》一书中所探讨的。这部"心理剧"由两个角色组成：系统 1 和系统 2。作者在书中详细介绍了这两种认知加工形式之间的关系及其对决策过程的影响。

系统 1 冲动行事，很少或根本不涉及脑力劳动。它速度很快，不涉及自主控制。这种思维模式是人类与其他动物共有的一种本能，它

注 3：Noam Tractinsky, Arthur Stanley Katz, Dror Ikar. What Is Beautiful Is Usable. Interacting with Computers 13, no. 2, 2000: 127–45.

使人们能够认识物体，识别危险，集中注意力，避免损失，并根据经验或长期练习迅速做出反应。系统 1 自动运行并为系统 2 提供信息（直觉、感觉、意图或印象）。

系统 2 的运行速度较慢，并且需要脑力劳动。它是系统 1 在遇到困难时调用的系统。为了解决人们手头的问题，它以更详细、更具体的处理方式提供支持。这是人们用于解决复杂问题的思维系统。专注、研究、记忆搜寻、数学运算（不只是简单算术）和情景感知都需要运用这种思维模式。

这两个系统的交互以工作量最小和性能最优为中心。系统 1 处理我们的大部分想法和行为，系统 2 则会在必要时显灵。这对数字产品和数字体验意义重大。我们依靠系统 1 快速识别与任务相关的信息，并在初步认识后，忽略与任务无关的信息。我们快速浏览可用的信息，寻找有助于实现目标的信息，忽略任何无关紧要的信息。当谈到美学易用性效应时，系统 1 非常重要，因为这是用户形成第一印象的节点。研究表明，在看到一个网站后，人们在 50 毫秒内就形成了对它的看法，其中视觉吸引力是决定性因素[4]。有趣的是，在这段短暂的时间内形成的观点——发自内心的反应——很少会随着用户在网站上花费的时间增加而改变。虽然第一印象并不完全可靠，但它通常相对准确，可以帮助人们快速做出决策。

注 4：Gitte Lindgaard, Gary Fernandes, Cathy Dudek, et.al. Attention Web Designers: You Have 50 Milliseconds to Make a Good First Impression. Behaviour & Information Technology 25, no. 2, 2006: 111–26.

案例

我们首先来仔细看看两家以美学为中心的公司。首先是德国电器公司博朗（Braun），该公司在设计界留下了浓墨重彩的一笔，证明了美观的产品能给人们留下持久的印象。在 Dieter Rams 的设计指导下，该公司的产品在功能极简主义和精致美学之间找到了平衡，进而影响了几代设计师。Dieter Rams 所倡导的"少而精"的方法强调形式取决于功能，这直接创造了当时设计最精良的产品。

以博朗的 SK4 唱片机为例，如图 7-3 所示。SK4 唱片机有白色金属外壳和透明盖子，因此有"白雪公主的灵柩"之称。它诞生于 1956 年，由粉末涂层金属板和榆木侧板制成。比起对于当时消费者来说更常见的精细装饰的全木唱片机来说，这简直是天壤之别。SK4 唱片机是博朗根据新的工业设计语言率先推出的首批产品之一。在这种设计语言中，每个细节都有其功能性目的，比如使用有机玻璃盖避免了金属盖在大音量下发出咔咔声。这类产品标志着设计史上的一大转折：电子设备从家具转变为既美观又实用的独立实体。

现在来看另一家在许多方面延续博朗传统（功能极简主义与精致美学相平衡）的公司：Apple。博朗的设计理念对 Apple 产品的影响显而易见。iPod、iPhone 和 iMac 等设备呼应了博朗产品线的极简美学，同时注重易用性，如图 7-4 所示。

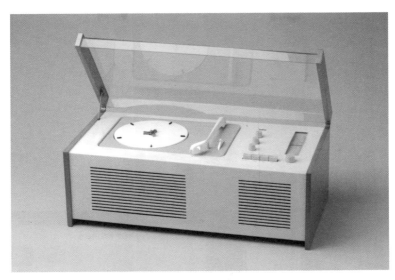

图 7-3：博朗的 SK4 唱片机，由 Hans Gugelot 和 Dieter Rams 设计（图片来源：
纽约现代艺术博物馆）

图 7-4：Apple iPod（左上）、Apple iPhone（中上）、Apple iMac（右上）、博朗 T3
袖珍收音机（左下）、博朗 ET44 计算器（中下）和博朗 LE1 扬声器（右下）

Apple 对美学的关注不仅限于工业设计，该品牌以创造优雅易用的数字界面而闻名，如图 7-5 所示。事实上，它在这方面的声誉已成为一种竞争优势，并助其开创了一个新时代。在这个新时代，优秀的设计是企业成功的基础。Apple 公司对每个产品细节的关注让 Apple 成为世界上最受欢迎的品牌之一。这并不是说 Apple 的产品界面没有任何易用性问题，但由于 Apple 的设计以怡人的美学为核心，因此人们更有可能忽视易用性问题——美学易用性效应发挥了作用。

图 7-5: Apple 的各种数字界面（图片来源: Apple，2019 年）

关键考虑因素

对易用性测试的影响

美观的设计能带来好处，但有一点需要重点注意。由于人们往往认为美观的设计可以更好地发挥作用，因此当遇到易用性问题时，人们会更加宽容。心理学家 Andreas Sonderegger 和 Juergen Sauer 试图

观察美学具体是如何影响易用性测试的[5]。他们要求 60 名青少年利用
模拟的手机（由计算机模拟，以下简称模拟机）执行一些常见任务。
这项实验使用了两个不同的模拟机，它们的功能相同，但视觉吸引
力不同：一个（对于当时的人来说）在视觉上更吸引人，另一个明显
逊色不少，如图 7-6 所示。

图 7-6：研究人员使用的两个模拟机原型（图片来源：Andreas Sonderegger 和
Juergen Sauer，2010 年）

Andreas Sonderegger 和 Juergen Sauer 发现参与者对更具吸引力的模
拟机（图 7-6 中的左图）的易用性给出了更高的评价，还发现模拟机
的视觉外观"对性能产生了积极影响，缩短了用更具吸引力的手机
完成任务的时间"。这项研究表明，美观的设计可能在一定程度上掩
盖易用性问题。即使设备实际上并不易用，美学易用性效应也同样

注 5：Andreas Sonderegger, Juergen Sauer. The Influence of Design Aesthetics in
     Usability Testing: Effects on User Performance and Perceived Usability. Applied
     Ergonomics 41, no. 3, 2010: 403–10.

适用。然而，这可能不利于易用性测试，因为易用性测试的关键在于发现问题。

要时刻谨记，美学可能影响人们对易用性的感知。要避免这种不利影响，务必倾听用户对体验易用性的评价，观察用户的实际行为则更为重要。提出问题、引导参与者破除美学的影响，有助于设计师发现易用性问题，并抵消视觉吸引力对易用性测试结果的影响。

结论

美观的设计可以通过引起积极的情绪反应来影响用户对易用性的感知，这反过来又可以增强用户的认知能力。用户往往认为美观的设计可以更好地发挥作用，也更有可能忽略次要的易用性问题。虽然这似乎是一件好事，但实际上这会掩盖易用性问题，不利于在易用性测试中发现问题。

第 8 章

冯·雷斯托夫效应

当多个相似事物同时出现时，最与众不同的事物最容易被记住。

本章要点

- 在视觉上突出重要信息或关键行为。
- 强调视觉元素要有度，避免不同的视觉元素之间相互竞争，确保突出内容不会被误认为是广告。
- 不要完全依靠颜色来形成对比，这将把有色觉缺陷或视力低下的群体排除在外。
- 在使用动画来形成对比时，请仔细考虑患有晕动症的用户。

概述

数千年的进化赋予了人类极其复杂的视觉系统和认知加工系统。人类可以在几分之一秒内识别物体。与其他生物相比，人类在模式识别方面拥有更优越的生理构造，并且人类天生就有发现不同物体间细微差异的能力 [1]。研究证明，这些特征对物种的生存很有价值。人类今天还保留着这些特征，它们影响着人类对周遭世界的感知和理解。人类的关注点不仅取决于想实现的目标，还取决于这些本能。

这些特征还影响着人类记忆对信息的编码方式，进而影响人类回忆事物和事件的能力——识别比回忆更重要。就数字界面而言，一个有趣的考虑因素是，元素间的对比可以更快地吸引用户的注意力。设计师面临的一大挑战是合理利用用户关注的界面元素，同时帮助他们实现目标。一方面，在视觉上突出信息可以吸引用户的注意力，引导用户朝着目标前进。另一方面，视觉重点太多会引起元素间彼此竞争，让用户更难找到他们需要的信息。颜色、形状、大小、位置和动画都是吸引用户注意力的因素，在构建界面时必须仔细考虑每一个因素。

起源

冯·雷斯托夫效应以德国精神病学家、儿科医生黑德维希·冯·雷斯托夫（Hedwig von Restorff）的姓命名。1933 年，她在一项采用了隔离范式的研究中发现，给参与者看一系列相似的物品，最与众不同的物品是最令他们记忆深刻的 [2]。换言之，对于在视觉上或概念上与众不同的物品，人们的记忆会更深刻。虽然冯·雷斯托夫不是第一个研究这种范式对记忆影响的人，但这个发现与

注 1：Mark P. Mattson. Superior Pattern Processing Is the Essence of the Evolved Human Brain. Frontiers in Neuroscience 8, 2014: 265.

注 2：Hedwig von Restorff. Über die Wirkung von Bereichsbildungen im Spurenfeld. Psychologische Forschung 18, 1933: 299–342.

她本人及独特性研究都紧密相关。她最初的发现后来被其他研究证实，例如 Shelley Taylor 和 Susan Fiske 在 1978 年开展的研究表明，人们会被突出、新颖、惊人或独特的刺激所吸引 [3]。

心理学概念

选择性注意、横幅盲症和变化盲视

人类生活在一个容易令其分心的世界里。每时每刻，人们都会受到大量感官信息的影响。当人们开车时、工作时、参加社交活动或在网上购物时，都会有很多信息争相吸引人们的注意力。

出现在人们视野内的物体也许是可见的，但人们并不总是能够注意到它们。这是因为注意力在人们感知周遭世界的过程中起着至关重要的作用。为了将注意力集中在重要的或与手头任务相关的信息上，人们通常会忽略不相关的信息。换句话说，人们对于周遭事物的专注力和专注时间是有限的，因此人们只专注于相关信息，而忽略无关紧要的信息。这是一种生存本能，在认知心理学中被称为选择性注意（selective attention）。选择性注意至关重要，它不仅决定了人类对周遭世界的感知，还决定了人类在生死攸关的时刻如何处理感官信息。

正如第 4 章介绍的米勒定律和短期记忆能力一样，注意力也是一种有限的资源。虽然可以用不同的方式定义记忆和注意力，但心理学

注 3：Shelley Taylor, Susan Fiske. Salience, Attention, and Attribution: Top of the Head Phenomena. In Advances in Experimental Social Psychology, vol. 11, ed. Leonard Berkowitz, Academic Press, 1978: 249–88.

界普遍认为，工作记忆与注意力密切相关[4]。这对数字产品和服务影响巨大，因为交互界面必须引导用户的注意力，避免他们分心或感到迷惑，并帮助他们找到相关信息或进行相关操作。

在数字界面中，一种叫作横幅盲症的用户行为是选择性注意的常见例子。横幅盲症是指当用户认为某些元素是广告时，他们往往会忽略这些元素。这是一种非常显著的现象，30多年来一直有记录[5]。人的专注力是有限的，在这一前提下考虑横幅盲症，我们就能够理解为什么用户会忽略他们认为没用的任何信息（例如在线广告）。相反，用户更有可能搜寻有助于他们实现目标的内容，尤其是导航栏、搜索栏、标题、链接、按钮等（如雅各布定律所述，用户也会本能地在常见位置寻找这些设计元素）。如果内容与广告相仿或放置在广告附近，即使是有效的内容也可能被忽略。因此要注意，从视觉上区分内容可能会无意中导致其被误认为是广告。

与横幅盲症相关的是变化盲视。变化盲视是指当缺乏足够强烈的视觉提示或注意力在别处时，人们往往会忽略重大的变化。由于注意力是一种有限的资源，因此为了有效地完成任务，人们经常忽略自己认为无关紧要的信息。当人们的注意力集中在最突出的元素上时，就可能会忽略其他元素的重大变化。如果用户需要注意到产品或服务界面上的某些变化，设计师就应该确保用户的注意力被吸引到相关元素上。

注4：Klaus Oberauer. Working Memory and Attention—A Conceptual Analysis and Review. Journal of Cognition 2, no. 1, 2019: 36.

注5：Kara Pernice. Banner Blindness Revisited: Users Dodge Ads on Mobile and Desktop. Nielsen Norman Group, 2018.

案例

正如你想象的那样，每个数字产品和服务都有冯·雷斯托夫效应的影子，其中一些更有效地利用了这一效应。使特定元素或内容在视觉上与众不同是设计的基础。当谨慎而有策略地运用这一效应时，它所形成的对比不仅有助于吸引注意力，还可以将用户引导到最有价值的信息上。

这种视觉现象可见于按钮、文本链接等交互元素的设计中。这些元素的视觉差异可以吸引用户的注意力，并告知他们可以进行的操作、引导他们完成任务、避免他们做无用功。请看图 8-1 所示的例子，该例子展示了确认操作的两个版本：一个版本的按钮在视觉上难以区分，另一个版本突出了更重要的按钮。左侧的版本缺乏视觉对比，很容易导致用户意外选择错误选项。通过在视觉上突出重要的按钮，右侧的版本不仅可以引导想删除账户的用户选择正确的选项，还可以避免那些不想删除账户的用户意外选错。为了提高安全性，右侧的版本还在标题上方使用了警告图标，以引起用户的注意并展示内容的重要性。

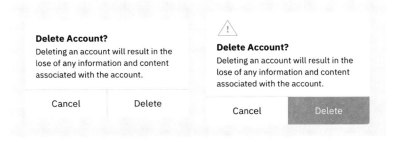

图 8-1：这个例子展示了如何利用对比来吸引用户对重要操作的注意，避免用户意外选错

让我们进一步以按钮为例。除了用简单的颜色体现对比，还可以运用其他方式。浮动操作按钮（floating action button，FAB）是谷歌的 Material Design 引入的一种设计模式，如图 8-2 所示。它能"在屏幕上执行主要或最常见的操作"。通过提供有关 FAB 的设计指南、FAB 在屏幕上的位置，以及 FAB 应有的功能，谷歌确保了 FAB 在各种产品和服务中都保持一致。如今，它已成为人们认可且熟悉的模式，也有助于指导人们尝试新体验（这也是雅各布定律的一个例子）。

图 8-2：谷歌的 Material Design 引入了浮动操作按钮（图片来源：Gmail、谷歌日历，2019 年）

定价表是冯·雷斯托夫效应的另一个常见的例子。大多数服务的订阅计划提供多个选项，公司通常会强调其中一个选项。为了突出这一重点，设计师经常通过添加视觉提示来区分他们想突出的选项。以 Dropbox 为例，它通过颜色（将强调色应用于"免费试用"按钮）、形状（由于顶部的"最佳项"元素，卡片看起来略大）和位置（将卡片放置在显示屏中央）来强调"高级"选项，如图 8-3 所示。

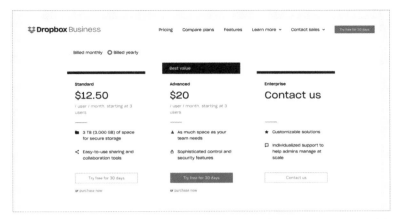

图 8-3：定价表是冯·雷斯托夫效应的常见例子（图片来源：Dropbox，2019 年）

此外，你也可以在吸引人们注意力的设计元素中找到冯·雷斯托夫效应的影子。以通知图标为例，如图 8-4 所示。通知图标能够在用户需要采取行动时提醒用户。这类设计元素几乎存在于每个应用程序或服务中。它们旨在吸引人们的注意力，无论这种做法是好是坏。

图 8-4：利用冯·雷斯托夫效应来提醒人们关注通知（图片来源：iOS，2019 年）

设计师可以延伸冯·雷斯托夫效应背后的思维模式，并将其应用于多元素的设计。以新闻网站为例，它们通常强调特色内容，使其从标题、图像和广告中脱颖而出。你也许已经注意到了，许多新闻网站使用一致的模式，即在特色内容及其相邻内容之间使用不同的比例，以形成对比。这样一来，跨栏的内容便可以吸引读者的注意力。

正如这些例子所示，视觉对比可以通过多种方式形成。颜色是区分元素的常用方法，但绝不是唯一的方法。比例、形状、空白空间和动画都是附加属性，它们可以让特定元素或内容从相邻信息中脱颖而出。

关键考虑因素

适度和可访问性

在设计中运用冯·雷斯托夫效应时，需要考虑一些重要事项。首先要考虑进行对比的时机和频率——应该有的放矢，而不应该盲目滥用。所谓过犹不及，过多的对比不仅会削弱突出内容的力量，还会让人眼花缭乱。要适度地使用视觉对比，避免元素之间相互竞争。

当我们考虑到横幅盲症、变化盲视等因素时，适度的重要性就更加明显。如果过分在视觉上强调某内容，让用户误以为该内容是广告，那么它反而很容易被忽略。此外，如果强调的元素太多，用户就不太可能注意到重要信息或发生的变化：他们可能会分心或自动屏蔽"噪声"。

其次要考虑可访问性。了解构成对比的视觉属性及其对不同群体的影响至关重要。以有色觉缺陷的人为例，他们无法区分某些深浅不同的颜色，甚至完全无法辨别颜色。对于这些用户来说，仅仅依靠颜色来传达视觉对比是存在问题的，这会让用户体验不佳。此外，白内障等视力障碍疾病会影响人们对细节和差异的感知，让他们忽略元素之间的细微差别。除了这些注意事项，设计师还要让内容和背景元素之间的颜色对比足够强，以帮助那些色弱或视力低下的人。

有时也可以使用动画来形成对比，但要考虑到这是否会影响有前庭功能障碍的用户，以及内耳和大脑相连的系统患有疾病、受过损害或损伤的用户。前庭系统及内耳和大脑相连的系统能够处理与控制平衡和眼球运动有关的感官信息。以患有良性阵发性位置性眩晕或迷路炎的人为例，动画效果可能引发头晕、恶心、头痛或更严重的不适反应。此外，动画效果还可能影响癫痫患者和偏头痛患者。设计师必须慎重考虑何时及如何使用动画，以确保上述用户不会受到负面影响。

结论

冯·雷斯托夫效应是强有力的指南，它指导设计师使用对比将用户的注意力引到关键的内容上。当要强调关键或重要的信息时，冯·雷斯托夫效应可以帮助设计师做出决策，也可以帮助用户快速找到所需的内容。如果不加节制地使用对比，就会引起麻烦。通过视觉划分元素可以吸引用户的注意力，但如果视觉上相互竞争的元素太多，就会削弱对比效果，导致想突出的内容无法脱颖而出。此外，设计师必须清楚，有视觉缺陷的人如何感知形成对比的视觉属性，以及这些视觉属性对患有晕动症的人有何影响。

第 9 章

特斯勒定律

特斯勒定律也称为复杂性守恒定律，即任何系统都有一定
程度的复杂性，且复杂性无法简化。

本章要点

- 所有流程都有一个复杂性核心，无法通过设计消除，
  所以必须由系统或用户承担。
- 通过处理设计和开发过程固有的复杂性，尽可能地
  减轻用户的负担。
- 注意不要将界面简化到抽象的程度。

概述

谁应该承担应用程序或流程的复杂性，是用户，还是设计人员和
开发人员？在考虑用户界面的设计时，或者更宽泛地说，在考虑
人类如何与技术交互时，这是要回答的根本问题。设计师的一大
目标是降低使用产品和服务的复杂性，但每个环节都存在固有的
复杂性。我们终究会遇到这样一个情况：复杂性无法进一步降低，
而只能从一处转移到另一处。此时，复杂性要么转移到用户界面，

要么转移到设计人员和开发人员的工作流程中。

起源

特斯勒定律的起源可以追溯到 20 世纪 80 年代中期。当时，施乐帕克（Xerox PARC）研究中心的计算机科学家拉里·特斯勒（Larry Tesler）正在协助开发交互设计语言。这是一套原则、标准和最佳实践，用于定义交互系统的结构和行为。它对桌面计算机和桌面出版 [1] 的发展至关重要。特斯勒发现，用户与应用程序交互的方式与应用程序本身一样重要。因此，降低应用程序和用户界面的复杂性非常重要。然而，特斯勒意识到，在任何应用程序或流程中，都存在无法消除或隐藏的复杂性。这种固有的复杂性只能在两个环节进行处理：开发环节（从延伸意义上来说是指设计环节）和用户交互环节。

案例

平平无奇的电子邮件就能说明特斯勒定律。撰写电子邮件有两项必填信息：邮件来自谁（你）、邮件发给谁。如果缺少任何一项，就无法发送电子邮件，因此这里的复杂性是必要的。为了降低这种复杂性，现代电子邮件客户端将执行两项操作：预先填写发件邮箱（客户端可以执行此操作，因为它知道你的电子邮箱），并在你开始输入收件邮箱时根据以前的电子邮件或联系人为你提供建议，如图 9-1 所示。复杂性并没有完全消失，它只是被分离出来，

注 1：桌面出版（desktop publishing）是指对用于出版和印刷的图文信息进行输入、
　　　处理和输出的计算机软硬件系统。——编者注

从而减少了用户的工作量。换句话说，通过将填写发件邮箱和收件邮箱的复杂性转移给电子邮件客户端，撰写电子邮件变得更加简单。因为该客户端是由一个团队设计和开发的，所以这个团队在构建电子邮件服务时承担了这种复杂性。

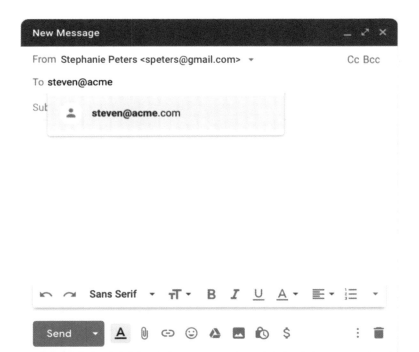

图 9-1：现代电子邮件客户端自动填写发件邮箱，并根据先前的电子邮件给出收件邮箱的建议。这种设计降低了复杂性（图片来源：Gmail，2019 年）

Gmail 更进一步，通过所谓"智能撰写"（Smart Compose）功能在电子邮件中充分利用人工智能技术，如图 9-2 所示。这个功能可以扫描用户输入的内容，并根据已输入内容提供单词和短语来补全句子，从而省去用户额外的输入，节省用户的时间。应该注意的是，智能撰写并不是 Gmail 通过人工智能引入的第一个节省用户时间的功能——其他的还包括智能回复功能，它可以扫描电子邮件的上下文并提供几个相关的快速回复选项。

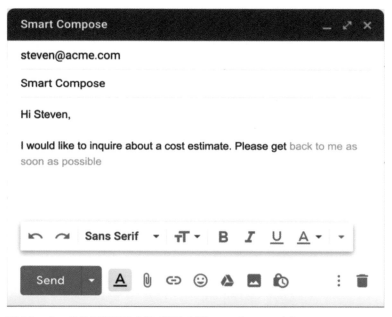

图 9-2：Gmail 的智能撰写功能（图片来源：Gmail，2019 年）

特斯勒定律的另一个普遍适用的例子便是在线购物网站上的付款流程。在线购买商品需要用户提供大量重复的信息，包括账单信息和送货信息。为了简化这一流程，当需要填写送货信息时，在线购物网站通常会允许用户使用账单信息，如图 9-3 所示。在许多情况下，此选项简化了付款流程，因为这样便可以避免用户输入重复的信息。复杂性已经转移到负责预先实现此功能的设计人员和开发人员身上了。

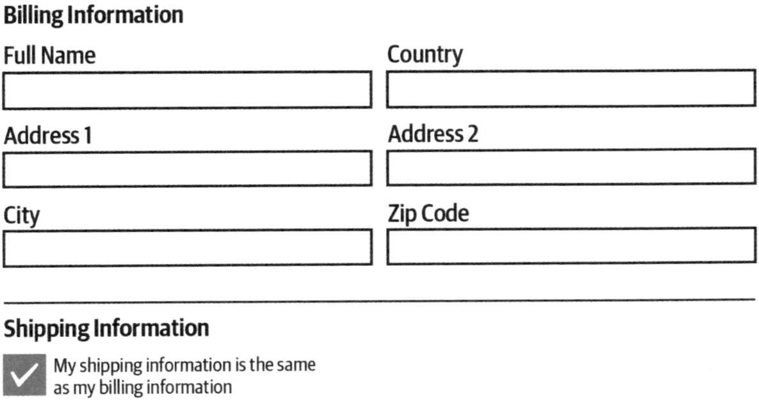

Billing Information

Full Name	Country
Address 1	Address 2
City	Zip Code

Shipping Information

 My shipping information is the same
as my billing information

图 9-3：在线付款时，让送货信息"继承"账单信息。该功能简化了付款流程，
　　　 并避免了用户输入冗余信息

Apple Pay 等服务进一步简化了付款流程，如图 9-4 所示。这使得
用户更容易在线或当面付款。设置账户后，使用 Apple Pay 或类
似支付服务的用户只需在付款时选择选项并验证其购买详情即可，
而无须输入任何其他信息。因此，用户体验变得更简单了，复杂
性再次转移到负责服务的设计人员和开发人员身上。

在零售领域，你可以发现许多将复杂性从用户身上剥离出来的创
新方式。以亚马逊 Go 商店为例，如图 9-5 所示。它提供了无须排
队结账的购物体验。最初，亚马逊 Go 商店作为一项实验出现在美
国西雅图市中心。通过在智能手机上安装专用的应用程序，用户
只需登录该应用程序后，拿起他们需要的商品走出商店即可，而
无须排队等候、扫描商品，甚至无须在店内付款。随后，用户会
收到一张收据，并通过他们的亚马逊账户付款。

图 9-4：Apple Pay 使付款流程变得像选择支付方式和验证购买信息一样简单
（图片来源：Apple，2019 年）

图 9-5：西雅图的第一家亚马逊 Go 商店（图片来源：维基百科，2019 年。摄影师：
Brianc333a）

像亚马逊 Go 商店提供的这种免店内付款购物体验涉及一系列相
当复杂的技术。必须深度整合机器学习、计算机视觉等先进技术，
才能让人们走进商店、拿起他们需要的商品，然后直接走出去。
虽然购物过程中的障碍大大减少了，但随之而来的复杂性必须由
负责确保所有流程正常运行的设计人员和开发人员承担。

关键考虑因素

当简单转为抽象

设计师的一个重要目标是为用户消除不必要的复杂性，即成为优雅
的简化者。毕竟，良好的用户体验通常是简单直观的，所有可能阻
碍人们实现目标的障碍已被消除。但是，在追求简单时，必须找到
一个平衡点，不能过于简单。当一个界面被简化到抽象的程度时，
就不再有足够的信息可供用户做出明智的决策了。换句话说，为了
使界面更简洁，呈现的视觉信息量减少了，但这会导致缺乏足够的
线索来引导用户完成流程或帮助他们找到所需的信息。

以图像学为例。与文本标签相比，图标占用的空间更少。因此，图
标可以简化界面，但它们也可能引起歧义，如图 9-6 所示。当图标不
附带文本标签时尤其如此，因此需要对图标进行解释。除了少数例
外，图标很少具有通用含义——它们对不同的人来说可能代表不同
的意思。更让人难以捉摸的是，从一个页面到另一个页面，同一图
标并不总是对应相同的操作。当使用图标时，如果不能传达明确的
含义或执行一致的操作，就会阻碍用户完成任务。

图 9-6：对不同的人来说，图标的含义可能不同

结论

对设计师而言，特斯勒定律很重要，因为它与设计师面临的一个
基本挑战有关：如何管理复杂性。我们必须承认，无论设计使流
程变得多简单，任何流程都会存在无法消除的复杂性。从一封不
起眼的电子邮件到一个高度复杂的付款流程，每件事都具有固有
的复杂性，而复杂性必须加以管理。设计师有责任消除界面固有
的复杂性，不然就只能将这种复杂性传递给用户。这可能会导致
混乱、糟糕的用户体验。如果有可能，设计人员和开发人员应该
承担复杂性，同时注意不要将页面简化到抽象的程度。

第 10 章

多尔蒂阈值

系统需要在 400 毫秒内对使用者的操作做出响应，这样才能够让使用者保持专注，提高生产效率。

本章要点

- 系统在 400 毫秒内提供反馈，可以保持用户的注意力并提高生产效率。
- 感知性能可以缩短响应时间，弱化用户对等待的感知。
- 当后台正在加载或处理内容时，动画效果可以在视觉上吸引用户的注意力。
- 无论准确性如何，进度条都有助于让等待时间变得不那么难熬。
- 即使流程本身并不需要花费多长时间，有目的地延长流程时间也可以提高流程的感知价值并获得用户的信任。

概述

高性能是用户体验良好的一大关键特征。处理速度慢、缺少反馈信息或加载时间过长，这些都会让试图完成任务的用户感到不满，并给用户留下持久的负面印象。人们常常认为速度最大化只能通过技术来实现，但速度也应该是设计的重点，因为它是用户体验的核心。无论是产品或服务最初的加载速度、交互速度、反馈速度，还是后续的页面加载速度、系统响应速度，都是整个用户体验的关键。

影响网站和应用程序性能的因素有好几个，但最重要的因素是页面总负载。然而多年来，互联网页面负载的平均值呈指数级增长。HTTP Archive 网站的数据显示，2019 年前 9 个月的桌面平均页面负载接近 2 MB（1939.5 KB），移动平均页面负载紧随其后，约为 1.7 MB（1745.0 KB）。相较于 2010 年 ~ 2011 年的桌面平均页面负载 608.7 KB 和移动平均页面负载 261.7 KB（如图 10-1 所示），2019 年的平均页面负载已大幅增加。

页面负载		页面负载	
桌面平均页面负载	移动平均页面负载	桌面平均页面负载	移动平均页面负载
608.7 KB	261.7 KB	1939.5 KB	1745.0 KB
▲30.1%	▲80.7%	▲5.6%	▲4.5%
2010年11月~2011年11月		2019年1月~2019年9月	

图 10-1：平均页面负载大幅增加（图片来源：HTTP Archive，2019 年）

页面负载增加意味着人们需要等待更长的时间，而人们并不喜欢等待。大量的研究结果证明了这一事实：人们等待的时间越长，就越有可能感到沮丧，甚至完全放弃任务。

此外，系统响应速度慢会导致用户的工作效率下降。虽然 100 毫秒似乎非常短，但人们其实能够察觉 100 毫秒～ 300 毫秒的延迟。因此，如果等待超过 300 毫秒，人们就会开始不自在。延迟一旦超过 1000 毫秒（1 秒），人们就会开始思考其他事情。人们的注意力会分散，淡忘完成任务所需的关键信息，这会不可避免地降低工作效率。在这种情况下，继续执行任务会增加认知负荷，并且影响整体的用户体验。

起源

在台式计算机出现的早期，当计算机执行任务时，2 秒是用户可以接受的响应时间阈值。这个阈值之所以被广泛接受，是因为它为用户提供了思考下一个任务的时间。但在 1982 年，两名 IBM 员工发表了一篇论文 [1]，对这个阈值提出了质疑。他们指出，当阈值低于 400 毫秒时，"生产效率与响应时间成反比"。在这篇论文中，他们进一步指出，"如果计算机和用户能够即时交互，生产效率就会飙升，在计算机上工作的成本会大幅下降，员工会从工作中获得更大的满足感，工作质量也会有所提高"。基于观察，论文作者之一沃尔特·多尔蒂（Walter Doherty）认为，计算机响应时间与生产效率并不成正比。于是，他设定了一个新阈值，称为**多尔蒂阈值**。

注 1：Walter Doherty, Ahrvind Thadani. The Economic Value of Rapid Response Time. IBM technical report GE20-0752-0, 1982.

案例

在某些情况下，处理所需的时间比多尔蒂阈值规定的时间要长
（>400 毫秒），而且我们对此无能为力。但这并不意味着在后台进
行必要的处理时，我们不能及时向用户提供反馈。利用下面这个技
巧可以让用户认为网站或应用程序的执行速度比实际的速度更快。

Facebook 等平台经常利用的一个技巧是在加载内容时呈现骨架
屏。如图 10-2 所示，在内容的显示区域中显示占位块，使网站的
加载速度看起来更快。页面加载完成后，这些占位块被替换为实
际的文本和图像。这样做弱化了等待的印象，即使内容加载缓慢，
也能增强用户对页面加载速度和系统响应能力的感知。此外，骨
架屏通过预先为每项内容预留空间，防止内容在相邻素材加载时
四处跳转，从而避免用户产生内容冲突和加载错误的错觉。

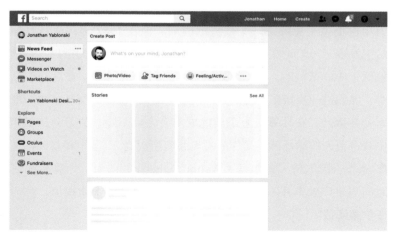

图 10-2：Facebook 的骨架屏让网站看起来加载得更快（图片来源：Facebook，
2019 年）

另一种优化加载时间的方法称为"模糊"技术。这种方法针对图像，这些图像通常是导致网页和应用程序加载时间过长的主要原因。先加载一张小图像，将其置于待加载图像的空间中，再放大。应用高斯模糊消除由于放大低分辨率图像而产生的像素色差和噪点，如图 10-3 所示。高分辨率图像一旦在后台加载完成，它就将被放置在低分辨率图像后面，并通过淡出顶层图像显示出来。通过使性能优先于内容，这种技术不仅缩短了加载时间，还为高分辨率图像预留了空间，防止页面跳转。

图 10-3：Medium 使用"模糊"技术来实现更快的页面加载速度（图片来源：Medium，2019 年）

当后台正在加载或处理内容时，动画是另一种可以在视觉上吸引用户注意力的方式。一个常见的例子是"完成度指示器"，也称为进度条。研究表明，无论准确性如何，仅仅让用户看到进度条就可以让等待时间变得不那么难熬[2]。这种简单的用户界面元素之所

注 2：Brad A. Myers. The Importance of Percent-Done Progress Indicators for Computer–Human Interfaces. In CHI '85: Proceedings of the SIGCHI Conference on Human Factors in Computing Systems. Association for Computing Machinery, 1985: 11–17.

以有效，有以下原因：

- 它使用户放心，让他们知道内容正在被处理；
- 在用户等待时，它提供了视觉趣味；
- 将焦点转移到进度条动画上，而不是专注于等待过程，可以弱化等待的感觉。

我们虽然不能完全避免让用户等待，但可以通过提供视觉反馈来增强用户的等待意愿。

在谷歌的电子邮件客户端 Gmail 中，可以找到一个使用动画效果弱化与等待时间相关的不确定性和挫败感的例子。如图 10-4 所示，加载页面将 Gmail 的动画 logo 与进度条相结合。这个简单而独特的动画效果让用户感觉等待时间较短，并向用户保证应用程序正在加载，从而改善了整体的用户体验。

图 10-4：Gmail 使用简单而独特的动画效果来缩短用户可感知的等待时间（图片来源：Gmail，2020 年）

一般认为，用户等待手头任务完成的时间不超过 10 秒。如果超过这个时间，用户就会在等待的同时执行其他任务 [3]。当等待时间超过 10 秒时，进度条仍然有效，但应该加上预计完成加载所需的时间，以及当前正在进行的任务。这些附加信息可以让用户了解他们需要等待多长时间才能完成任务，并让他们在此期间腾出时间来做其他事。以 Apple 的更新页面为例，如图 10-5 所示。

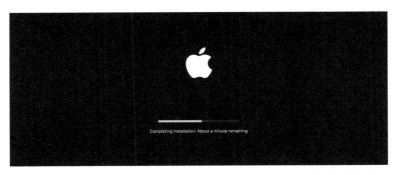

图 10-5：在系统更新期间，Apple 提供了预计完成时间和进度条（图片来源：Apple macOS，2019 年）

另一个提高感知性能的技巧是乐观 UI（optimistic UI）。它的原理是在操作过程中提供乐观的反馈信息，说明操作是成功的，而不是在操作完成后才提供反馈。例如，Instagram 会在用户的评论真正发布之前就显示该评论，如图 10-6 所示。通过预设评论将被成功发布，Instagram 在用户发送评论后立即向用户提供视觉反馈，而只有在评论发送失败后，才会显示错误提示。这样做使得应用程序的响应时间在用户看来比实际的更短。后台仍在处理内容，但用户感知的应用程序性能改善了。

注 3：Robert B. Miller. Response Time in Man-Computer Conversational Transactions. In Proceedings of the December 9-11, 1968, Fall Joint Computer Conference, Part I, vol. 33, Association for Computing Machinery, 1968: 267–77.

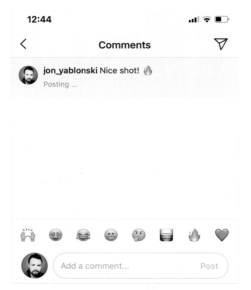

图 10-6：Instagram 在用户的评论真正发布之前乐观地提供评论已发布的反馈，以提高感知性能（图片来源：Instagram，2019 年）

关键考虑因素

当响应时间太短时

有关响应时间的大多数问题，归根结底是响应时间太长的问题。虽然有悖常理，但还是有必要考虑响应时间太短的情况。当系统响应速度快于用户预期时，也有可能产生一些问题。首先，如果变化发生得过快，用户可能会完全忽略这些变化——特别是在这些变化不是出于用户选择，而是由页面自动产生的情况下。其次，用户可能很难理解发生了什么，因为变化的速度让用户没有足够的时间思考。最后，如果真实的响应时间太短，以至于不符合用户的预期，则可能导致用户不信任产品或服务。即使流程实际所需的时间不长，有目的地延迟流程也可以增加流程的感知价值并建立用户信任[4]。以 Facebook 的安全检查流程为例，如图 10-7 所示。该流程会扫描账户以查找潜在的安全漏洞。Facebook 以此为契机，向用户介绍正在扫描的内容，并延长了该流程的时间，让用户相信系统扫描得很彻底。

图 10-7：Facebook 的安全检查流程会扫描账户以查找潜在的安全漏洞。Facebook 延长了该流程实际所需的时间，并借此机会向用户介绍扫描情况（图片来源：Facebook，2019 年）

结论

性能不仅是开发人员要考虑的一个技术因素，还是设计的基本特征。设计师有责任帮助使用产品或服务的人尽可能快速、高效地完成任务。为此，设计师必须提供适当的反馈，利用感知性能，并使用进度条来弱化整体的等待感。

注 4：Mark Wilson. The UX Secret That Will Ruin Apps for You. Fast Company, 2016.

第 11 章

能力带来责任

在前面的章节中，我们了解了如何利用心理学来构建更加直观、以人为本的产品和体验。我们认识并探索了主要的心理学定律。这些定律可以帮助设计师根据用户的真实特点进行设计，而不是强迫用户遵从技术。这些知识赋予了设计师强大的能力，但能力也带来了责任。虽然利用行为心理学和认知心理学的知识来创造更好的设计本身并没有错，但更重要的是，设计师要清楚产品或服务具有影响用户目标的潜质，要理解问责制对于设计师的重要性，更要懂得该如何放慢脚步，在设计时更加谨慎。

技术如何塑造行为

要做出更负责任的设计决策，第一步是承认人类思维容易受到引导性技术的影响，这些技术还会塑造人的行为。有许多研究向我们介绍了行为塑造的基本原理，但在影响力和基础性方面，没有任何一项研究能比过美国心理学家、行为学家、作家、发明家和社会哲学家 B. F. 斯金纳（B. F. Skinner）的研究。通过一个被他称为"操作性条件反射"的过程，斯金纳研究了如何通过在特定行为和结果之间建立联系来习得行为和修改行为。斯金纳使用以他的姓氏命名的实验室设备（如图 11-1 所示），研究了如何通过引导动物在孤立环境中对特定刺激做出反应来塑造动物的行为。
他最早的实验是将一只饥饿的老鼠放进斯金纳箱里，引导老鼠发
现它与一侧的控制杆接触时，就会有食物颗粒掉下来。此时，观
察这只老鼠的行为 [1]。几次偶然触发机制后，老鼠很快就明白了推
动控制杆和获得食物之间的联系。后来再把它放进斯金纳箱里，
它都会直接爬向控制杆——这清楚地表明了正强化增加重复行为
的可能性。斯金纳还进行了负强化实验，方法是将一只老鼠放入
斯金纳箱，让其承受电流带来的不适感，当按下控制杆时，电流
会被切断。就像他之前用食物奖励老鼠的实验一样，再把老鼠放
入斯金纳箱后，这只动物会直接爬向控制杆以快速避开电流。

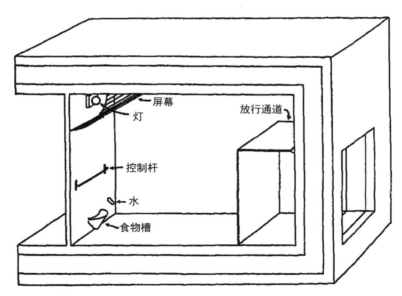

图 11-1：斯金纳的操作性条件反射室，也被称为"斯金纳箱"（图片来源：斯金纳，
         1938 年）

注 1：B. F. Skinner. The Behavior of Organisms: An Experimental Analysis. 1938.

斯金纳后来发现，不同的强化模式能影响动物执行所需行为的速度和频率[2]。例如，每次按下控制杆都会获得食物奖励的老鼠只有在饥饿时才会按下它，而很少获得食物奖励的老鼠则不再按下控制杆。相比之下，随机获得食物奖励的老鼠会反复按压控制杆，而且在没有强化的情况下，这只老鼠按压控制杆的持续时间最长。换句话说，比起每次都得到奖励或很少得到奖励，随机的奖励能够强化老鼠的行为，从而最有效地塑造老鼠的行为。太多或太少的强化都会导致动物失去兴趣，但随机强化会导致冲动、重复的行为。

今天，斯金纳的研究成果显然早已不局限于以他的姓氏命名的箱子内，而是延伸到了人类世界中。众所周知，数字产品或服务也采用了各种方法来塑造人类行为，我们日常使用的应用程序中就有不少这样的例子。从尽可能地延长用户留在网站上的时间，到鼓励用户购买产品或吸引用户分享内容，这些都可以在适当的时候通过强化来塑造用户的行为。接下来，让我们一起来看一些用技术塑造行为的常见方法，无论这些技术是有意为之还是无意为之。

间歇性可变奖励

斯金纳证明，具有可变性的随机强化是影响行为最有效的方法。数字平台可以通过使用可变奖励来塑造用户行为，用户每次查看手机通知、浏览内容或滑动刷新都是这一点的体现。与斯金纳在他的实验室中观察到的结果相似，对互联网用户行为的研究表明，普通人每天与智能手机交互超过 2500 次，有些人甚至高达 5400

注 2：C. B. Ferster, B. F. Skinner. Schedules of Reinforcement. 1957.

次，每天总计有 2~4 小时在与智能手机交互[3]。来看可变奖励的一个具体例子：滑动刷新，如图 11-2 所示。许多移动应用程序使用这种常见的交互模式，用户向下滑动屏幕来浏览更多内容。

图 11-2：Twitter 的滑动刷新功能（图片来源：Twitter，2020 年）

无限循环

像自动播放视频（如图 11-3 所示）和无限滚动信息这样的无限循环旨在通过消除障碍，最大限度地延长用户在网站上停留的时间。用户无须有意识地选择加载更多内容，或播放下一个视频，公司以此确保用户在其网站上或应用程序中持续消费。广告通常穿插在循环内容中，因此用户在网站上停留的时间越长，观看的广告就越多——在创收方面，这种模式比展示静态广告更有效。

注 3：Michael Winnick. Putting a Finger on Our Phone Obsession. 2016.

图 11-3：YouTube 会自动播放下一个视频（图片来源：YouTube，2019 年）

社会肯定

人类天生就是社会性动物。随着社交媒体的普及，人类实现自我
价值和承担责任的动力延伸到了社交媒体上[4]。如图 11-4 所示，在
网上发布的内容收到的每一个"赞"或正面评论都会暂时满足人
们对认可和归属感的渴望。这种社会肯定有利于多巴胺的产生。
多巴胺是大脑产生的化学物质，在激励行为中起着关键作用。

图 11-4：2009 年，Facebook 首次推出"点赞"功能。如今，这已成为社交媒体
上无处不在的功能（图片来源：Facebook，2020 年）

注 4：Catalina L. Toma, Jeffrey T. Hancock. Self-Affirmation Underlies Facebook Use.
Personality and Social Psychology Bulletin 39, no. 3, 2013: 321–31.

默认设置

在选择架构方面，默认设置很重要，因为大多数人从不更改它。默认设置在引导决策方面拥有强大的力量，而人们甚至不知道默认设置为他们做了什么决定。举例来说，2011 年的一项研究发现，Facebook 的默认隐私设置（如图 11-5 所示）仅在 37% 的情况下符合用户的期望。也就是说，因为默认设置，能看见用户的个人信息和内容的人比用户以为的要多 [5]。

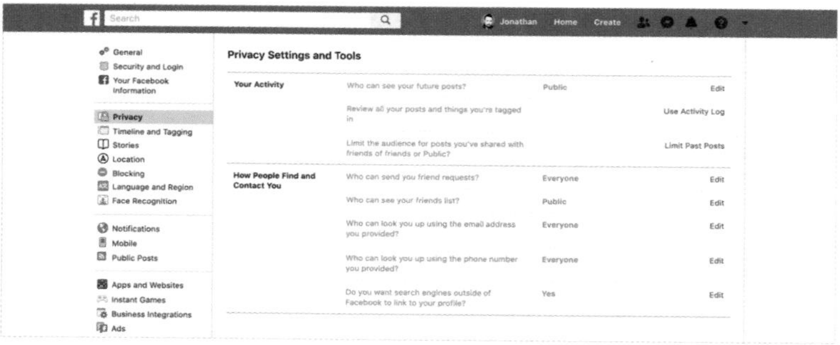

图 11-5：Facebook 的默认隐私设置（图片来源：Facebook，2020 年）

尽管默认设置可能不符合用户的期望，但研究表明，默认选项通常会让人们接受已有方案，并拒绝替代方案 [6]。

注 5：Yabing Liu, Krishna P. Gummadi, Balachander Krishnamurthy, et al. Analyzing Facebook Privacy Settings: User Expectations vs. Reality. In IMC '11: Proceedings of the 2011 ACM SIGCOMM Internet Measurement Conference. Association for Computing Machinery, 2011: 61–70.

注 6：Isaac Dinner, Eric Johnson, Daniel Goldstein, et al. Partitioning Default Effects: Why People Choose Not to Choose. Journal of Experimental Psychology: Applied 17, no. 4, 2011: 332–41.

清除障碍

用数字产品或服务塑造行为的另一种方法是尽可能清除障碍，尤其是不利于用户采取行动的障碍。换句话说，一个操作越容易、越方便，用户就越有可能执行它，并养成习惯。以亚马逊 Dash 按钮为例，如图 11-6 所示。它是一个小型电子设备，用户只需按下按钮即可订购常用产品，甚至无须访问亚马逊网站或应用程序。虽然这款实体按钮已不复存在，但这个例子说明了公司在消除障碍方面可以做的工作，以此来塑造用户行为。

图 11-6：亚马逊现已弃用的 Dash 按钮（图片来源：亚马逊，2019 年）

互惠

互惠是指人们有回报他人的倾向。这是一种人类共有的强烈冲动，也是人类这个物种重视甚至依赖的社会规范。互惠是人类行为有力的决定性因素，设计师可以有意或无意地对这一点加以利用。

技术可以利用人们回报他人的冲动，塑造用户行为。以 LinkedIn
为例，当其他人认可一个人的技能时，LinkedIn 会通知这个人展
示这项技能，如图 11-7 所示。通常情况下，这不仅让接受者同意
展示这项受到认可的技能，还让他觉得有义务用自己的这项技能
做出回应。最终，双方都在平台上花费了更多的时间，LinkedIn
则获得了更多的利润。

图 11-7: LinkedIn 技能认可通知（图片来源: LinkedIn，2020 年）

黑暗设计模式

黑暗设计模式是另一项可以引导用户行为的技术：为了提高用户
参与度，说服用户完成不完全符合其利益的任务（例如购买更多
产品、分享不必要的信息、接受营销信息等），此项技术让用户执
行他们原本不打算执行的操作。黑暗设计模式在互联网上随处可
见。在 2019 年的一项研究中，普林斯顿大学和芝加哥大学的研究
人员为了寻找黑暗设计模式的证据，分析了大约 11 000 个购物网
站。令人震惊的是，他们找到了 1818 个黑暗设计模式实例，而且

网站越受欢迎，运用黑暗设计模式的可能性就越大[7]。6pm 网站就是一个例子。它利用稀缺性来表明某种商品的数量有限，从而强化用户对该产品的渴望。该公司在用户选择产品选项时显示库存不足的提示消息，让用户认为该商品随时都可能售罄，如图 11-8 所示。

图 11-8：稀缺性黑暗设计模式的例子（图片来源：6pm 网站，2019 年）

通过以上这些常见方法，技术能以微妙的方式塑造用户行为。有关用户行为的数据可用于微调系统对不同用户的响应方式。虽然上述方法的复杂性和准确性在不断提高，人类共有的心理"硬件"却保持不变。现在，设计师比以往任何时候都应该更注重道德规范。

为什么道德很重要

随着时间的推移，数字技术似乎越来越深入人们的日常生活。自从智能手机和其他智能设备问世以来，人们越来越依赖放在口袋

注 7：Arunesh Mathur, Gunes Acar, Michael J. Friedman, et al. Dark Patterns at Scale: Findings from a Crawl of 11K Shopping Websites. In Proceedings of the ACM on Human-Computer Interaction, vol. 3, Association for Computing Machinery, 2019: 1–32.

里、戴在手腕上、嵌入衣服或放在包里的微型计算机。无论吃穿住行，一切都只需点击或滑动几下即可，这要归功于便捷的小型数字设备。这些设备赋予了人们自主权，给人们带来了便利，但这一切并非没有代价。在发明新技术时，就算公司出于善意，也有可能产生意想不到的后果。

出于善意，却导致意想不到的后果

很少有公司的初衷是创造有害的产品或服务。当在 2009 年推出"点赞"功能时，Facebook 可能并没有预料到它会成为一个如此令人上瘾的反馈机制。这个反馈机制为用户提供了社会肯定，给予用户少量的多巴胺刺激，让用户一次又一次地回到 Facebook，来感受自我价值。Facebook 或许也没有预料到，无限滚动功能会让用户一不小心就在刷新闻上耗费大量的时间。Snapchat 可能并不打算通过滤镜功能来改变用户进行自我展示的频率，也不想让一些人为了滤镜中的形象去整容，更不希望自己的平台因视频而成为性骚扰者的庇护所。可悲的是，这样的例子不计其数。很难想象这些公司会有意让自己提供的服务或功能带来不良后果。然而，这些后果确实存在，虽然并非有意为之，但所引起的伤害是实实在在的。

科技行业的发展速度太快，以至于我们无法时刻看到科技发展的破坏性。现在，有关这方面的研究正在奋力追赶科技进步的速度，并向我们阐明"科技进步"的长期影响。似乎仅仅是智能手机的存在就会降低人类可用的认知能力，即使智能手机处于关闭状态也会如此[8]。此外，社交媒体对弱势群体的影响令人担忧。社交媒体与一些负面影响存在关联，比如受抑郁症和孤独感困扰的年轻人增多[9]。随着研究人员进一步关注科技进步对人类生活和整个社会的影响，这些副作用会继续浮出水面。

道德责任

数字平台经常利用人类的弱点，却遗忘了原本试图为人类解决的问题。同样的技术既能帮助人们轻松地购物、联系或消费，也会分散人们的注意力，引导人们的行为，并影响人们与周围人的关系。心理学及其在用户体验设计中的应用起着至关重要的作用：行为设计有助于让人们"上瘾"，但代价是什么呢？比起产品是否真正帮助人们实现目标或促进有意义的联系，"每日活跃用户"和"网站停留时间"何时变成了更重要的指标？

道德规范必须是设计过程中不可或缺的一部分，因为如果没有这种制衡，在技术公司和技术组织中可能就没有人会为终端用户考虑了。增加用户停留时间、简化媒体和广告消费、提取有价值的数据，这些商业需求与完成任务、和朋友或家人保持联系等用户目标存在冲突。换句话说，企业的业务目标和终端用户的目标很少是一致的，设计师便是两者之间的桥梁。如果技术可以塑造行

注 8：Adrian Ward, Kristen Duke, Ayelet Gneezy, et al. Brain Drain: The Mere Presence of One's Own Smartphone Reduces Available Cognitive Capacity. Journal of the Association for Consumer Research 2, no. 2, 2017: 140–54.

注 9：Melissa Hunt, Rachel Marx, Courtney Lipson, et al. No More FOMO: Limiting Social Media Decreases Loneliness and Depression. Journal of Social and Clinical Psychology 37, no. 10, 2018: 751–68.

为，那么谁会让那些创造技术的公司对他们做出的决定负责呢？

设计师是时候直面这种矛盾，承担作为设计师的责任，创造支持并符合用户目标和福祉的产品和体验了。换句话说，设计师应该创造增强用户体验的技术，而不是用虚拟互动和虚拟奖励取而代之。要做出合乎道德规范的设计决策，首先就是要明白人类思维是如何被利用的。然后，设计师必须对自己协助创造的技术负责，并确保它尊重人们的时间、注意力和整体幸福感。作为一种技术创造手段，"快速行动，破除陈规"不再为人所接受。相反，设计师必须放慢脚步，有意识地创造技术，充分考虑技术对用户生活的影响。

放慢脚步，保持专注

为了确保设计师正在构建的产品或服务符合用户的目标，必须将道德规范整合到设计过程中。以下是确保设计始终"以人为本"的一些常见方法。

超越快乐之路的思考

场景为设计师提供了一个参考框架，对于定义关键特性和功能必不可少。当一个人使用产品或服务时，设计师定义的这些特性和功能必须可用。不幸的是，"快速行动，破除陈规"的团队往往只关注理想的场景，因为这个理想场景可以提供阻力最小的路径。当出现非技术性错误时，这些"快乐之路"本质上是完全没有应用场景的。如果不考虑偏离"快乐之路"的场景，技术拓展就与定时炸弹无异，不属于理想场景的用户就容易受到伤害。

更好的做法是更改**最小可行产品**（minimum viable product，MVP）的定义，先关注非理想的场景，而不是选择阻力最小的路径。通过将边缘情况置于首位，就可以创建更具弹性的产品或服务，从根本上考虑到非理想的场景。

多元化团队和思维

同质化团队中的各个成员有着相似的生活经历，因此他们往往难以识别经历之外的盲点。这会不可避免地降低产品或服务的弹性，而弹性低的产品或服务一旦出现问题，可能就会产生灾难性的后果。为了避免同质化的思维陷阱，负责创造技术的团队可以做很多事情。比如，可以确保团队尽可能多元化——一个由不同性别、种族、年龄和背景的成员组成的团队从一开始就为设计带来了更丰富的人类经验。同样重要的是，要确保用户画像不局限于 MVP 的重要用户群体——受众群体越多元化，设计师就越有可能在盲点成为更大的问题之前抓住盲点。

超越数据

定量数据可以告诉我们很多有用的信息，比如人们执行任务的速度、人们在看什么，以及人们如何与系统交互。但这些数据没有告诉我们，为什么用户会以这种方式行事，或产品如何影响他们的生活。为了深入了解原因，考虑其他指标至关重要。为此，设计师必须倾听用户的声音，并接受用户的想法。这意味着设计师要从屏幕后面走出来，与用户交谈，并通过这种定性研究来获得见解，从而真正改善设计方案。

技术可以对人们的生活产生重大影响，设计师应该全力确保这种影响是积极的。设计师有责任创造支持和符合用户目标的产品和体验。设计师要对工作负责，了解人类思维是如何被利用的，以此做出符合道德规范的设计决策，并通过思考除"快乐之路"以外的非理想场景，建立多元化的团队。设计师还要与用户交谈，获得关于产品和体验如何影响用户生活的定性反馈。

第 12 章

设计中的心理学

行为心理学和认知心理学的研究为设计师提供了丰富的知识。这些知识为创造以人为本的用户体验提供了宝贵的基础。就像熟悉人类空间感知的建筑师会设计出更好的建筑一样，了解人类行为方式的设计师也能创作出更好的设计。对设计师来说，难点在于如何掌握深入了解用户行为的方法，并使其成为设计过程的一部分。本章将探讨设计师如何内化和应用在本书中学到的心理学定律，然后通过与团队的目标和优先事项相关的设计原则来阐明它们。

建立意识

要内化和应用本书所涵盖的心理学定律，最显而易见且行之有效的方法就是建立意识。为了建立意识，一些团队采用了以下方法。

能见度

第一种方法是在工作场所展示本书所涵盖的心理学定律，使其随时可见，这也是最简单的方法。自从启动 Laws of UX 项目以来，我收到了很多设计团队发来的照片。他们将 Laws of UX 网站提供的每张海报都打印出来，并张贴到墙上，供所有人查看，如图 12-1

所示。看到我的作品出现在世界各地的办公室墙上，我感到无比
自豪。我也意识到，张贴这些海报有一个功能性目的：建立意识。
不断向团队展示这些海报，有助于提醒他们各种心理学定律，以
引导他们在设计过程中做出抉择。除此之外，这些海报还提醒设
计师人类如何感知和处理信息。通过这种方式，设计团队围绕这
些心理学定律形成了共识，也有了共同的语言。最终，团队成员
能够清晰地阐明这些心理学定律，并将它们应用于正在进行的设
计工作中。

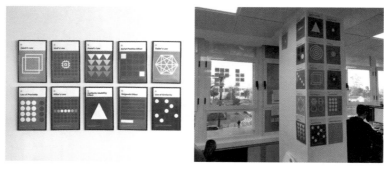

图 12-1：Laws of UX 网站提供的海报有助于建立意识 [图片来源：Vectorform
的 Xtian Miller（左），Rankia 的 Virginia Virduzzo（右）]

展示和讲述

第二种在团队中建立意识的方法是经典的展示和讲述活动：向观
众展示并讲述一些内容。像许多人一样，我第一次接触到这项活
动是小时候在学校里。一直以来，我都很喜欢这项活动。小学老
师经常利用这种方法来教学生公开演讲，这也是团队成员之间分
享知识和互相学习的好方法。

我所在的设计团队有固定的时间让成员专门分享知识。这样做让团队受益良多。这种有效、低成本的分享方式可以让团队成员获得有用的信息。并且，信息以易于记忆的形式传播开来。从设计技巧和新工具到易用性测试结果和项目复盘——当然还有心理学定律——这些知识对团队中的每个人都很有价值。此外，展示和讲述活动也有助于在团队成员中树立信心，让他们有机会成长为领域专家，还体现了公司整体对持续学习的支持。这能在团队中创造一种对话和知识建设的文化，因此对团队成员（包括我自己）来说意义重大。

虽然简单地建立意识可能无法将这些心理学定律牢固地嵌入整个团队的设计过程中，但它确实能够影响设计决策。接下来，我们将看到这些设计原则如何在团队的设计过程中发挥作用，以及如何将它们进一步嵌入决策过程中。

设计原则

随着团队规模的壮大，设计团队每天要做的决策也会相应增多。通常情况下，决策的责任将落在设计团队的负责人身上，他们必须承担这一责任和其他责任。一旦团队的工作量达到某个阈值，或要做出的设计决策的数量超过团队负责人所能承受的范围，团队的产出速度就会放缓，工作也会受到阻碍。另一种可能的情况是，设计决策是由单个团队成员在未经批准的情况下做出的，因此无法保证这些设计决策符合团队的质量标准、目标或整体设计愿景。也就是说，设计把关人可能成为团队实现一致性和可扩展性的瓶颈。除此之外，团队的优先级和价值观可能变得不太清晰，从而导致各位团队成员对优秀设计有自己的标准，而这些标准不一定彼此统一。我曾亲眼见过这种情况，不难想象，这是有问题的，因为整个团队对"优秀设计"的标准是不断变化的。结果，整个团队的产出都不太一致。由于不一致和缺乏清晰的愿景，团队的产出将不可避免地受到影响。

要在设计过程中做出一致的决策，最有效的一种方法是确立设计原则：一套能体现设计团队的优先级和目标，并为决策的评述奠定基础的指导方针。设计原则可以帮助团队确定问题处理方式和团队整体的价值观。随着团队的成长，决策数量会相应地增多，设计原则可以作为"启明星"，体现团队对"优秀设计"的整体标准。设计把关人不再是瓶颈，因为所有团队成员在设计原则的指导下，对设计方案有着共同的理解。这样一来，设计决策做得更快、一致性更强，团队成员拥有共同的思维方式和整体设计愿景。如果做得好，这对团队的最终影响是深远的，并有可能积极地影响整个组织。

接下来，我们将着眼于如何定义团队的价值观和设计原则，以便最终将它们与基本的心理学定律联系起来。

定义设计原则

你可以采用多种方法来定义体现团队目标和优先级的设计原则。虽然详细介绍各种实现团队协作和组织研讨会的方法超出了本书的范围，但提供一些背景知识是值得的。以下是团队定义设计原则的常见步骤。

确定团队成员

定义设计原则通常在研讨会或一系列研讨活动中完成，因此第一步是确定参与研讨会的团队成员。一种常见的方法是让所有希望做出贡献的人都参与进来，特别是那些工作将直接受到这些设计原则影响的人。让直属团队之外的领导和干系人参与进来也是一个好主意，因为他们将带来不同的视角，这也是有价值的。越多的人参与进来，设计原则的适用范围就越广。

校准和定义

一旦确定了团队成员，就该抽出一些时间校准成功标准，并启动工作。这意味着不仅要对设计原则及服务目的达成共识，还要定义任务目标，例如定义每个设计原则必须满足哪些标准才会对团队有价值。

发散

这一步通常对应创意阶段。要求每个团队成员都要在规定的时间内（例如 10 ~ 15 分钟）根据尽可能多的设计原则参与头脑风暴，并将每个想法都写在单独的便利贴上。在这个步骤完成时，每个参与者都应该有了很多想法。

收敛

发散之后便是收敛。这一步是把所有想法整合在一起，并确定主题。在此阶段，参与者通常要在小组内分享他们的想法，并在主持人的帮助下，根据练习期间出现的主题把这些想法组织起来。在所有参与者都分享完想法后，他们就需要投票，以选出最适合团队和组织的主题。一种常见的方法是"记点

投票"，每个人都会收到有限数量的小圆片（通常为 5 ~ 10
张），并有选择地将小圆片贴在记有主题的便利贴上。他们的
选择完全取决于自己，如果强烈赞同某一个主题，他们甚至
可以为这个主题贴上多张小圆片。

提炼和应用

这一步因团队而异，但团队通常会首先经历一个提炼阶段，
然后确定如何应用这些设计原则。要尽可能地整合主题，然
后清晰地表达出来。接下来，最好确定这些设计原则在团队
和整个组织中的应用位置和应用方式。

传播和倡导

最后一步是传播设计原则并倡导大家加以采用。传播可以有
多种形式：海报、桌面壁纸、笔记本和团队的共享文档，这些
都是常见的媒介。这样做的目的是让设计团队的所有成员都
可以轻松获取和查看它们。此外，参加研讨会的团队成员还
需在团队内外倡导这些设计原则，这也至关重要。

最佳实践

只有在能够有效地提供指导并推动决策时，设计原则才有价值。
以下是一些最佳实践，可以帮助团队充分发挥设计原则的作用。

好的设计原则不是陈词滥调

好的设计原则是直接、清晰、可操作的，而不是平淡无奇、
显而易见的。陈词滥调对决策没有帮助，因为它们太模糊且
缺乏明确的立场（例如"设计应该是直观的"）。

好的设计原则可以解决实际问题

团队所定义的设计原则应该能够明确地解决实际问题，并推动设计决策。不过要小心，不能让设计原则变得太有针对性，即只适用于特定的场景。

好的设计原则是有明确观点的

团队所定义的设计原则应该有重点和优先级，这将推动团队在需要的时候朝着正确的方向前进，并促使团队成员在必要时说"不"。

好的设计原则是令人难忘的

难以记忆的设计原则不太可能被采用。设计原则应该与团队和整个组织的需求及志向相关。

将设计原则与心理学定律联系起来

一旦建立了一套设计原则，团队就可以根据本书介绍的心理学定律来考虑每一条原则。这样做有助于将设计原则的目标与其背后的心理因素联系起来。假设你的设计原则是"选择要清晰，而不要丰富"。这条设计原则非常有用，因为它不仅优先考虑了清晰度，还指明了权衡标准（不要求选择丰富）。为了使这一设计原则与心理学定律保持一致，我们必须确定与提供清晰度这一目标最相关的定律。希克定律（详见第 3 章）指出，"选择越多、越复杂，决策所需的时间就越长"，它似乎很适合这种情况。

一旦在设计原则和适合的心理学定律之间建立了联系，下一步就是为团队成员建立在设计产品或服务的过程中需要遵守的规则。

规则有助于约束设计师，以更规范的方式指导设计决策。继续前面的例子，我们已经将希克定律确定为与"选择要清晰，而不要丰富"这一设计原则相关的定律。现在，我们可以建立适合该设计原则的规则。比如，一条与该设计原则相一致的规则可以是："将选项限制在 3 个以内。"又比如，建立这样的规则："在需要时提供清晰且不超过 80 个字的简短解释。"这些都是简单的例子，旨在说明你所定义的设计原则要适合你的项目或组织。

如图 12-2 所示，我们现在有了一个清晰的框架。它由一个目标（设计原则）和一条评述（心理学定律）组成，并建立了设计师必须遵循的指导方针（规则）来实现这个目标。对于已确定的每条设计原则，团队都可以重复上述过程，以构建一个全面的设计框架。

选择要清晰，而不要丰富

根据希克定律，我们知道选择越多、越复杂，决策所需的时间就越长。

为了实现这一目标，我们必须：
- 将选项限制在 3 个以内；
- 在需要时提供清晰且不超过 80 个字的简短解释。

图 12-2：设计原则、心理学定律和规则的例子

来看另一个例子："要熟悉而不要新奇。"假设这符合我们为良好设计原则所设定的标准，现在是时候确定与之最相关的心理学定律了。雅各布定律（详见第 1 章）指出："用户已经花费了大量时间使用其他网站，并且积累了足够多的使用经验，他们自然希望你的网站和那些常见的网站有相同的工作原理。"看起来，雅各布定律很匹配。下一步是为团队成员建立规则，以提供进一步的指

导，并确保该设计原则是可操作的。通用设计模式可以给用户提供熟悉感，因此我们将首先确定应该"使用通用设计模式来加强用户对界面的熟悉程度"。接下来，我们可以进一步建议设计师"避免用华丽的界面或古怪的动画分散用户的注意力"。这样一来，我们又有了一个清晰的框架，如图 12-3 所示。它由一个目标和一条评述组成，并建立了设计师必须遵循的规则。

要熟悉而不要新奇

....

根据雅各布定律，我们知道用户已经花费了大量时间使用其他网站，并且积累了足够多的使用经验，他们自然希望你的网站和那些常见的网站有相同的工作原理。

为了实现这一目标，我们必须：
- 使用通用设计模式来加强用户对界面的熟悉程度；
- 避免用华丽的界面或古怪的动画分散用户的注意力。

图 12-3：设计原则、心理学定律和规则的另一个例子

结论

要在设计过程中利用心理学定律，最有效的方法是将其融入日常决策过程中。本章探讨了几种方式，设计师可以用这几种方式内化和应用在本书中学到的心理学定律，然后通过与团队目标和优先事项相关的设计原则来加以阐明。首先，我们明白了在工作场所展示这些心理学定律有利于建立意识。接着，我们了解了经典的展示和讲述模式，这能够在团队内部促进对话和建立知识体系。最后，我们探讨了设计原则的价值和优点，如何建立设计原则，以及如何在每条设计原则的目标及其背后的心理学定律之间建立联系。要实现这一点，应该设立目标、寻找支持该目标的心理学

定律，建立在实际设计过程中应该遵循的规则。这个过程一旦完成，设计团队将拥有清晰的路线图。这张线路图不仅通过一套清晰的设计原则展示了团队共同的价值观，还提供心理学定律以支持这些设计原则。除此之外，这张线路图还提供了一套公认的规则，有助于让团队始终如一地遵守这些规则。

关于作者

乔恩·亚布隆斯基（Jon Yablonski）是资深用户体验设计师、设计大会演讲嘉宾、作家和数字创作者，现任 Mixpanel 公司高级产品设计师。他的项目 Laws of UX 斩获 The State of UX "2019 年度最佳项目"大奖。乔恩专注于用户体验设计和前端开发，并时常将这两个领域结合起来解决数字世界的问题。他不是在设计旅程地图和产品原型，就是在编写有用的用户体验资料。

关于译者

胡晓

教授级高级工程师

国际体验设计大会（IXDC） 主席

广东省善易交互设计研究院 院长

美啊设计平台（MEIA） 总经理

胡晓是中国用户体验设计领域杰出的行业推动者，引领体验设计在中国的发展。拥有 20 多年的专业经验，坚持设计为人民服务，专注产品创新、设计创新、设计驱动，推动中国交互设计、体验设计、服务设计、工业设计行业发展、多领域设计融合。为专业设计师职业能力提升、设计团队建设、企业产品创新、体验策略与管理、设计咨询、设计产业园等提供智库平台与连接服务。

兼任中国工业设计协会常务理事、广东省工业设计协会副会长、广东省青年联合会委员、北京光华设计基金会理事、深圳市工业设计协会副会长、广东工业大学艺术与设计学院硕导、广州美术学院工业设计学院客座教授等社会职务。

先后获得广州市高层人才、中国设计业十大杰出青年、大湾区设计力设计领袖奖、奥运会报道先进个人、亚运会贡献奖表彰等荣誉。曾担任广东"省长杯"工业设计大赛、光华龙腾奖、中国创新设计红星奖、中国智造设计大奖、中国用户体验设计大赛、国际交互设计大奖等多个奖项和大赛的专家评委。